創造幸福的睡眠世界
——上品寢具董事長黃賀明的傳奇故事

1 我的父親與母親合照。

2 童年的土角厝：庭園是曬穀場，也是小時候的遊樂場 。

3 三合院一角，奶奶與子孫的合照。

4 60多年前全家福，樸實的鄉下寫照。

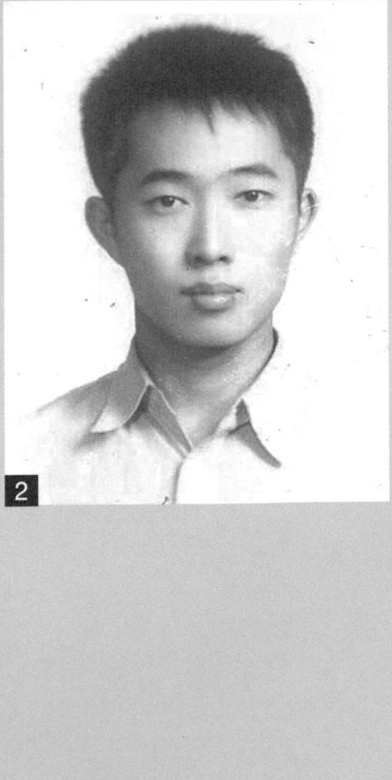

2

4

6

5

1 南投平和國小畢業照，我在哪裡？

2 初中時帥氣小伙子。

3 中國海專學生時代，猜猜哪個是我？

4 中國海專和苗栗護校郊外旅遊。

5 在13級颱風的海上工作，夠驚濤駭浪吧！

6 中國海專實習生涯——20歲第一次出海到沙烏地阿拉伯。

1

3

2

4

5

1 結婚照，朋友譽為「玉樹臨風、仙女下凡」。
2 彰化上品百貨行，年輕創業甜蜜合照。
3 黃素吟——我的初戀，相守一生的伴侶。
4 初為人母的喜悅。
5 大兒子（執行長黃世豪）七個月照片。

1 帶著我的兒子一起出差送貨。

2 我最愛的寶貝。

3 帶我的丈母娘（左）和媽媽（右）出國旅遊。

4 1998年保加利亞國外旅遊，體驗當地結婚禮俗——適逢結婚紀念日。

5 事業有成，實現夢想之一，可以帶著我的父母、大哥、家人一起出國旅遊。

6 2016年三代同堂及女兒女婿回娘家。

4

6

5

2016年帶大孫子到豐富公園玩滑板車。
水某與三個孫子一起玩耍。
2022年家人中秋團聚。
1980年創業初期——彰化上品百貨行，素吟就是我的內
大總管。
1985年帥氣的兒子，小時候就很有大將之風。
1985年堆滿貨物的倉庫，變成孩子們玩耍的遊戲場所。
1984年阿嬤帶孫女高興得合不攏嘴。

1

3

4

6

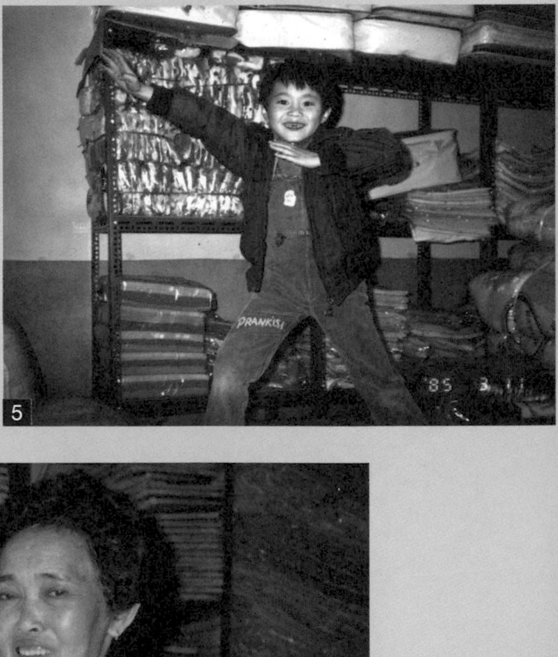

5

7

1

2

3

1 彰化上品百貨行時期和員工一起出遊拜拜求平安。

2 年輕時的交通工具，小紅跑市場，野狼125跑外地用，都是我的生財工具。

3 1988年遷移至台中精誠路總部。

4 1988年總部開幕，與同仁合照。

5 1995年首次國外員工旅遊。

6 公司人數不斷擴大增長，年年員工旅遊。

4

5

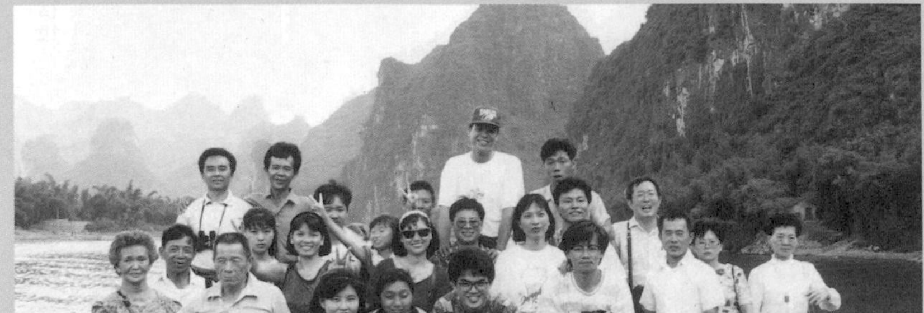

6

1

2

3

4

5

6

7

8

9

1 2 3 4 5 6 7 8 9 曾經答應老婆，當事業有成後，一定要帶她環遊世界，現在已經去過秘魯、歐洲多國、東南亞、美國、日本……等等，幫老婆圓夢。

來自彰化．立足台中
精耕全台．連結國際

1 1988年台中精誠總部原始樣貌。逐步展開「來自彰化、立足台中、精耕全台、連結國際」的企業藍圖。

2 2010年新美學時尚複合旗艦館新裝落成。

1

2

1 2 公司總部改裝盛大開幕，邀請胡志強市長剪綵以及多位嘉賓同慶。

1
上品寢具

1

2

關懷雲林縣弱勢團體捐贈活動
指導單位：雲林縣政府
主辦單位：上品寢具股份有限公司
國際扶輪3470地區雲林第二分區及各扶輪社

3

上品寢具床墊館
SONG BEAM INTERNATIONAL BEDDING GALLERY

4

1 2015年崇德館改裝，與好友合照留
影。

2 2008年斗六館開幕剪綵。

3 2008年斗六館開幕，將當月的營業
額3%捐給弱勢團體。

4 2023年大直館盛大開幕。

5 2022年好眠新科技論壇和新品發表
會，和員工現場合影共同參與盛會。

6 2022年好眠新科技論壇和新品發表
會，在會中發表最新科技產品分享給
與會嘉賓。

7 2022年7月31日總部招待所，與好
朋友一起聊天享用下午茶，人生就是
這樣簡單快樂。

上品寢具
茂樹蔭繁
佳賓至
群山競澤
事業興
1

上品寢具床墊館
SONG BEAM INTL GROUP
SINCE 1980
國際品牌床墊節
智能電動床 首期13888立即擁有
2

3

1 2021年68歲，總部同仁準備了生日大壽桃祝賀。

2 2022年前進七期惠中館新開幕。

3 2022年宜蘭員工旅遊。

4 5 2023年台南員工旅遊。皇上出巡──「黃」上駕到（員工搞笑）。

6 我與兒子黃世豪執行長合照。

4

6

5

1 台中名店協會首次舉辦名店購物節，櫃位招商超過30個。

2 2003年創辦台中市名店協會，和創始會員於中科門市合照。

3 2021年12月台中市名店協會會長夫人下午茶會。

1 2006年擔任3460西北扶輪社長和地區總監拜訪馬尼拉METRO扶輪社。

2 2006年擔任3460西北扶輪社長和地區總監拜訪馬尼拉METRO扶輪社，捐贈電腦給馬尼拉小學合照。

3 2011年台日國際扶輪親善會合影。

4 就任台中西北扶輪社社長與理監事團隊合照。

3年度RI社長田中作次伉儷 合影

1 2016年8月台中市名店協會與財團法人台灣肯納自閉症基金公益活動。

2 2022年第18、19屆台中名店協會社長交接晚會。

3 2019年8月邀請駐法大使呂慶龍蒞臨台中國際順風社SKAL演講。

4 2018年擔任台中國際順風社社長並前往日本與大阪社締結姊妹社。

1 2011年發起拚經濟救蕉農公益活動。

2 2017年11月好人好事授獎，與台中市長林佳龍合影。

3 2021年台中中央扶輪社邀請演講——我的睡眠人生。

1

2

3

1 2017年11月邀請台中市腦性麻痺關懷協會共享下午茶。

2 2018年弘明幼兒園來聽黃爺爺講故事，學習整理床鋪寢具。

3 台中西北扶輪社在勤美廣場販售高麗菜，全額捐給瑪利亞社會福利基金會。

4 2021年3月搶救高麗菜農公益活動，購買大量高麗菜於全省門市免費發放。

2

3

4

SONG BEAM

上品寢具床墊館

INTERNATIONAL BEDDING GALLERY

3

1

KIDULT

繪見幾米系列寢具

4

GLORY

1953

德國葛洛麗名床

NATURE COMFORT HEALTH

5

2

1 **2** 這是一場文化與傳統改變的長征。

2023年4月2日，我們包場老虎城，《做工的人》免費電影招待會，共有200多人出席，特別的是，劇組、記者、男女主角，也到場齊聚一堂，會後和所有影迷大合照，展現力挺台灣電影的力量。

這一次的包場電影欣賞會，由匠人部落、美式傢俱、上品寢具床墊館三家企業共同舉辦，我們的目的是藉由支持《做工的人》這部電影，拋磚引玉推廣台灣的文化。所有人看過以後，每個人的身心靈都會充滿著滿滿的感動，咸認這部電影，會是有史以來最好看的台灣電影之一，原來做工的人看似卑微，其實也可以活得很有自信和榮耀感。

3 上品寢具床墊館的經營理念：以人為本的幸福產業；願景：睡眠文化的領航者；使命感：睡眠健康的守護者。

4 自有品牌：KIDULT繪見幾米系列寢具。

5 自有品牌：德國GLORY葛洛麗名床。

GLORY
1953
德國葛洛麗名床
NATURE COMFORT HEALTH

2

3

床墊·智能調整電動床

1【德國GLORY葛洛麗名床】
瑞典原裝進口LUND智能調整電動床。

2【德國GLORY葛洛麗名床】
TEMPWISERII德意志帝國床墊。

3【德國GLORY葛洛麗名床】
TEMPWISER達恩智能調整電動床。

1

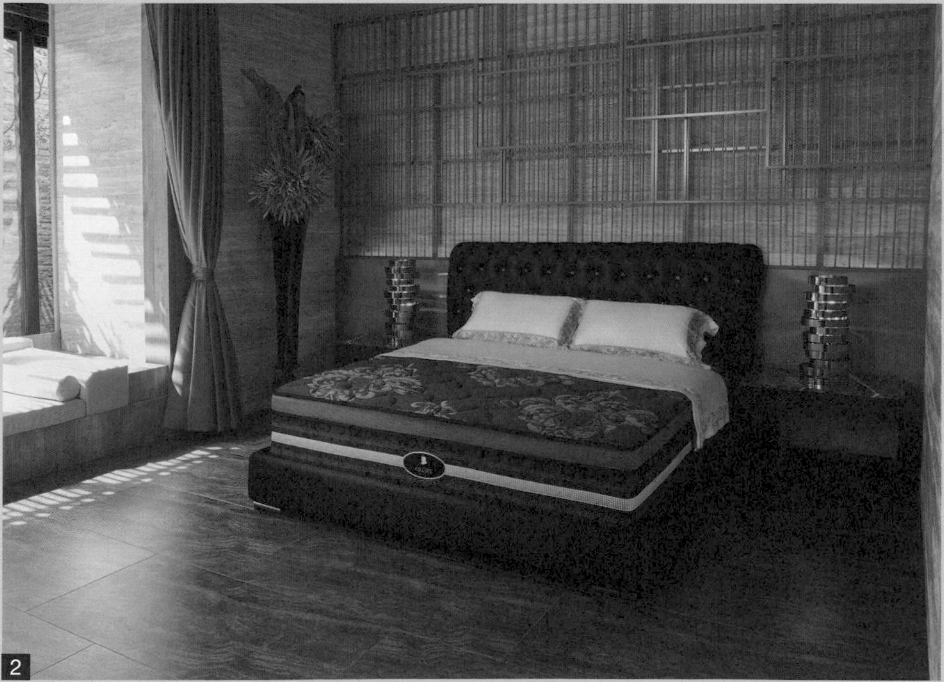

2

床墊

1 【德國GLORY葛洛麗名床】 TEMPWISER-IV豪華紀念版萊茵之戀床墊。

2 【德國GLORY葛洛麗名床】 TEMPWISER-IV慕尼黑床墊。

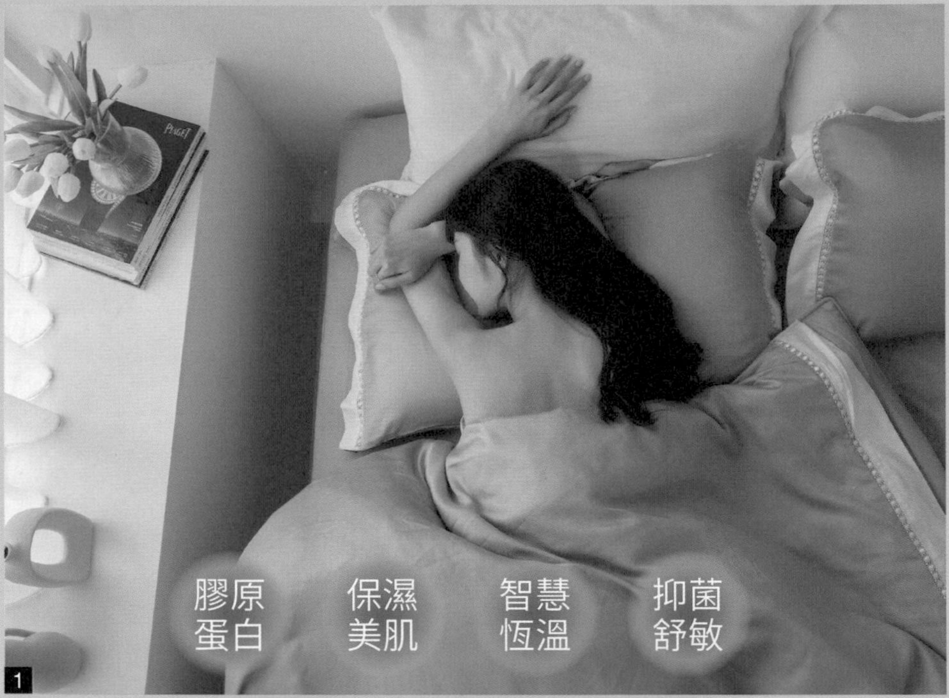

1 膠原蛋白與頂級奢華高密織天絲的結合，每一秒的睡眠皆呵護著您細嫩的肌膚，睡眠兼具保養讓您越睡越美麗！

2 【GLORY】茉莉公主膠原蛋白天絲兩用被床包組。

1【VDS】法國原裝設計師品牌寢具組。

2【TRUESTUFF】丹麥原裝進口有機棉寢具組。

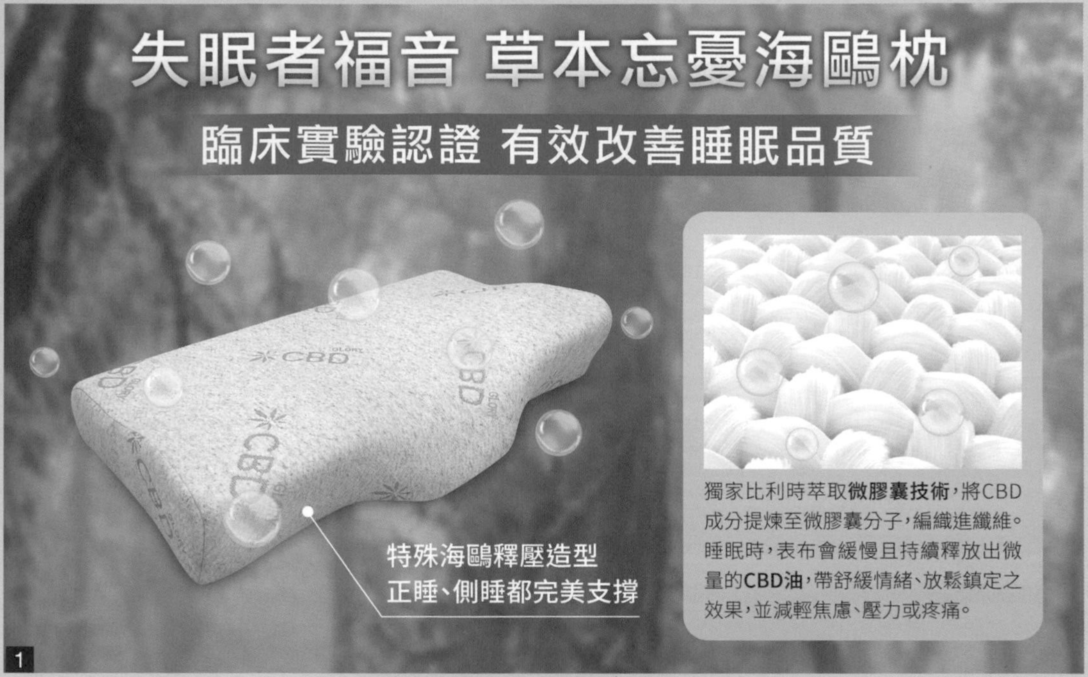
失眠者福音 草本忘憂海鷗枕
臨床實驗認證 有效改善睡眠品質
獨家比利時萃取微膠囊技術，將CBD成分提煉至微膠囊分子，編織進纖維。睡眠時，表布會緩慢且持續釋放出微量的CBD油，帶舒緩情緒、放鬆鎮定之效果，並減輕焦慮、壓力或疼痛。
特殊海鷗釋壓造型
正睡、側睡都完美支撐
CBD
1

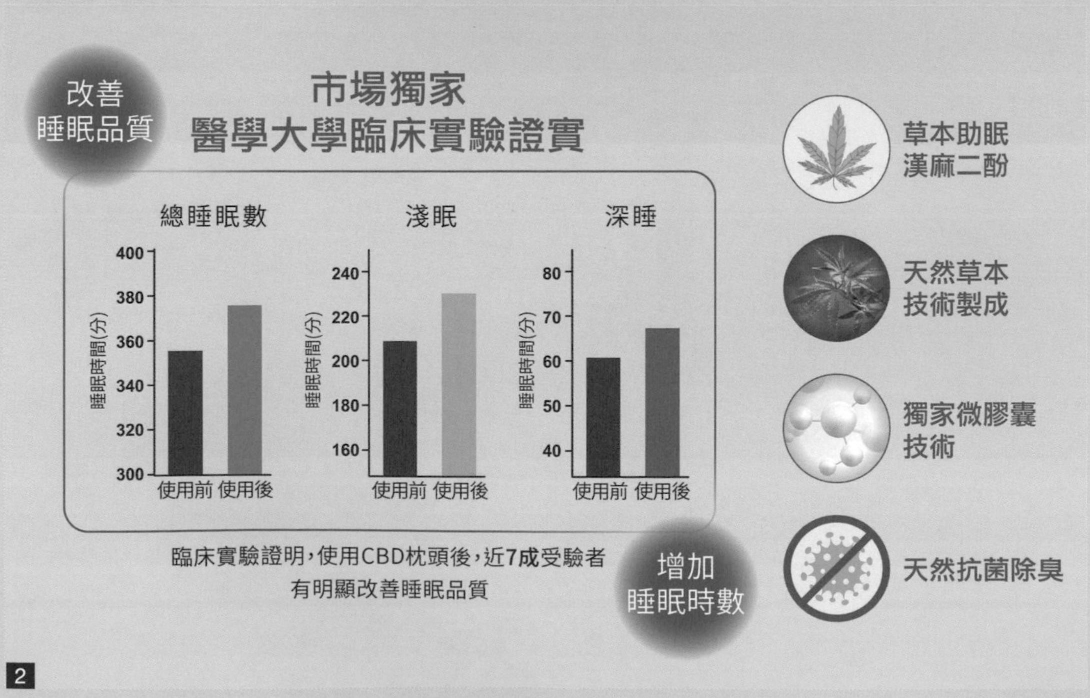
改善睡眠品質
市場獨家
醫學大學臨床實驗證實
總睡眠數
淺眠
深睡
睡眠時間(分)
400
380
360
340
320
300
240
220
200
180
160
80
70
60
50
40
使用前 使用後
臨床實驗證明，使用CBD枕頭後，近7成受驗者有明顯改善睡眠品質
增加睡眠時數
草本助眠漢麻二酚
天然草本技術製成
獨家微膠囊技術
天然抗菌除臭
2

1 2 失眠者福音：草本忘憂海鷗枕

★醫療級助眠漢麻二酚★改善睡眠障礙，提升睡眠品質

★天然草本技術製成，具抗菌效果★醫藥大學臨床實驗證明

1

1 3 推廣台灣文創，將知名插畫家幾米的插畫作品，用無毒印染技術結合在抱枕、毛毯等傢飾上，成為大小朋友們的最佳床邊故事寢具。

2【KIDULT繪見幾米】微風氣球天絲兩用被床包組。

3

2

1

2

3

1 2 3 上品寢具床墊館：
擁有上流典雅與品味獨特的床墊、寢具、傢俱、傢飾等上千萬種商品，滿足消費者所有的需求。

不完美中的超完美

缺陷者是帶著使命來投胎的，歡迎來到好眠幸福世界

黃賀明 著
戚文芬、胡芳芳 撰稿

大好文化

推薦序

以人為本的幸福產業，活出台灣企業生命力

鄭文燦

行政院副院長

本書《不完美中的超完美：缺陷者是帶著使命來投胎的，歡迎來到好眠幸福世界》非常值得台灣企業的領導人仔細閱讀。作者黃賀明不僅在床墊寢具業開創出斐然的一頁，尤其面對疫情嚴峻，產業歷經嚴酷考驗，他所創立的上品寢具集團邁向四十五周年之際，已率先逆勢成長，正是「以人為本的幸福產業，活出台灣企業生命力」的最佳寫照。

黃賀明董事長擘劃中的企業藍圖，是一步步展開「來自彰化、立足台中、精耕全台、連結國際」的目標。從南投的一個農家小夥子到現在全台門市開枝散葉，成為台灣寢具業的代表性企業，我相信，這個創業過程，正如台語諺語「番薯毋驚落土爛，只求枝葉代代湠」所呈現的精神，絕對是對台灣眾多中小企業主而言，具有極重要參考價值的經營寶典。本書是最有台灣味的企業傳記，以七則台灣諺語為標題，述說企業的七段成長經營與挑戰，讀來深具啟發，很接地氣又感人。

台灣版霍金現身說法，努力脫貧終成寢具大王

黃董二十八歲那年，因肌肉萎縮被醫生宣判活不過三十二歲，如今出書分享一路走來的逆轉人生與企業的兩大挑戰，宛若台灣版霍金現身說法，多年來努力脫貧與脫困終成寢具大王。他把身體所受的痛楚，轉而化危機為轉機，更能感同身受讓廣大的消費者不再受失眠所困，因此他將品牌設定為好眠的寢具，成為顧客「睡眠健康的守護者」。現在超過七十歲的他，用上帝「多」給他的寶貴時間，打造了四十五年的睡眠人生，並且已完成交棒第二代，邁向百年健康企業，十分令人敬佩。

談起企業願景與使命，更顯他的前瞻與眼光。黃董沒第二句話，「就是要做一家百年企業！」他的企業理念是：一、要站在消費者的立場來思考，帶來更好的睡

眠品質；二、讓員工有更好的收入；三、以人為本，結合台灣本土文創產業，並提升國人的健康品質。四、永續發展與回饋社會；經營企業也要扮演好企業公民角色，開發產品多朝節能減碳、注重環保及健康方向著手。

此次出書，黃董將一路走來致力於推廣睡眠工程的歷程與廣大讀者分享，相信藉由黃董的故事，帶給社會無限的激勵，為大眾注入正向的力量，定能對許多有心投入創業的朋友有所啟發。

推薦序

勇者無懼的成功表率

呂慶龍
曾任駐法國代表、駐海地共和國特命全權大使
駐日內瓦辦事處首任處長

巴黎是歐洲大都會，每年各季都舉辦各型國際大展，全球各領域產品莫不設法參展開拓市場。個人認為外交人員就是國家的行銷者（sales），「知己知彼、廣結善緣、敲門哲學、發揮創意、行銷台灣」是我推動外交工作的指導原則。所以在巴黎擔任八年駐法國代表期間，只要有台商參展，我總會與經濟組及貿協派駐同仁前往展場參觀，瞭解國內不同產業發展情形及國際競爭力，更重要的是，感謝國內產業界勇敢地走出去，傳達台灣競爭力，因為參加才有希望！

拜讀上品公司黃董事長賀明兄的《不完美中的超完美：缺陷者是帶著使命來投胎的，歡迎來到好眠幸福世界》專書後，內心有著非常親切又欽敬的感動，因為我與賀明兄都是生長在台灣貧窮困頓的年代，能夠充分瞭解賀明兄面對個人行動不便的獨特遭遇，非但沒被打倒，不怨天、不尤人，反而對人生有著明確目標，成功地以陽光思維將睡眠專業，連結現代人追求健康舒適及生活品質的趨勢，特值推崇。

逆勢成長、屢創佳績

賀明兄從代工代銷走到成功自創品牌（用心），一直以寬廣的胸懷培養團隊，像照顧家人一樣地細心培養員工分享業績（帶心），教導他們瞭解產品，以誠心、專業及信用，建立與顧客們的優質互動，前後透過出國參加專業性展覽，不斷學習、拓展視野，不畏辛勞大膽地在公司發展不同階段，透過認真思考、耐心觀察、靈巧變通，研發新產品，更進一步將產品優雅實用地融入生活環境中，造就了即使在新冠肺炎肆虐百業受創之際，產品銷售業績竟然逆勢成長的佳績，加上他在經營以人為本的幸福產業時，不忘培養接棒高手，這些努力（投資）終於走出一條陽光大道，成為引領與睡眠有關產業的發展，開創新局的先鋒，紮紮實實地贏得客戶們無比讚賞，業績當然越做越旺，締造令人欽羨的成果。賀明兄主持上品的成就像我們的國家發展一樣，當然不是奇蹟，誠屬勇者無懼的成功表率。

個人推動外交工作前後四十二年，體悟到辦外交三大要件：國家實力（**政府與民間**）、不能一廂情願（**悲情無用**）及沉得住氣繼續努力。經營企業成功也需同樣（**價值**）要件，從賀明兄成功的珍貴經驗，可以見證我們是一個不可能停止進步的國家。

敬愛的賀明董事長，感謝您為我們的社會樹立優質典範，Merci beaucoup（**法文多謝**）！

推薦序

為生命點一盞燈，成為在苦難中向上攀爬的人的那道光

陳文靜
社團法人中華民國慈惠善導書院文化教育研究協會院長

當黃世豪執行長邀我撰寫黃賀明董事長的新書《不完美中的超完美：缺陷者是帶著使命來投胎的，歡迎來到好眠幸福世界》推薦文時，我受寵若驚，自卑書讀得少文筆也很差而猶豫，但拜讀之後，看到書中醫生宣布他生命最後數字後，他沒有消極向命運與困境低頭，反而用感恩及報恩的心體現回饋，做世人最好的示範，讓我震撼不已，有幸為您的傳奇故事新書寫下序言，藉此向您致敬。

我想很少人知道，每天能睜開眼睛醒來是一件多麼美好而幸福的事，相信黃賀明董事長最清楚這種心境，天天都要跟病痛拔河，把挫折轉化成克服困難的養分，透徹且珍視生命如晨露般分秒即逝的無常，勇敢肩挑家人視為天的責任，感佩他對周遭的包容與宏觀！

創造幸福的睡眠世界

黃董經歷了無數的挑戰和風險，依然像鋼鐵人一般，沒有放棄對生命奉獻的熱度，就像番薯堅韌生命力在爛土中伸出更多更長的觸角，只求代代湠（相傳），正是因為有這樣的毅力和勇氣，上品企業幸福寢具才能夠脫穎而出，成為了行業的佼佼者。堅持著「創造幸福的睡眠世界」的理念，傳達生活的品質不僅是物質的豐富，更是一種心靈愉悅的真諦。黃董的傳奇故事已經成為了許多人心中的典範，他事業有成後更專注在公益上，關懷著社會的弱勢群體，幫助了許多有需要的人及偏鄉弱勢孩童能翻轉人生弱勢不世襲，讓上品寢具不僅是一家企業，更是一個充滿愛心和正能量，是真正為生命點一盞燈的點燈人。

最後，讓我再次致敬——

擁抱幸福，是黃董的企業願景，閱讀本書，更能讓你看見：原本看似不完美的人生，如何展現超完美的生命故事！

推薦序

行行出狀元的啟示與明證

陳宗賢
聯聖集團創辦人

認識黃董事長是他帶著團隊來上我CEO班的課程，接著又有機會輔導上品寢具，讓我更加瞭解認識黃董事長。

常言道：英雄不怕出身低，這正是上品黃董事長的最真切寫照。從一個農村子弟，從基層打拼上來，雖然過程中屢有挫折，加上身體的不方便，但是這些並沒有阻礙他的堅持，如今創建了台灣第一大「睡眠寢具專賣連鎖品牌」，為台灣提供最佳的相關商品，也持續用著我的同心圓經營模式，讓「上品寢具」成為精緻的複合店連鎖，誠屬不易。

一般人很難克服身體上的不方便，黃董事長卻堅持一定要成為典範的願景，全力的投入，堅持「創造舒眠環境」的經營理念。如今已全然實現，令人讚賞、值得效法。

我常強調，成功與有成就的人，其共通特點就是：「不怨天尤人，不斷的自我創新突破」，我們在黃董事長經營「上品寢具連鎖」的過程中就可得到印證。這也是董事長在台灣這個產業中能夠勝出的最大關鍵，因為在認識他的過程中從未聽到他怨天尤人與批評他人或同業，我欣賞這種厚道的人生哲學；也看到他們落實我所強調的「善待員工、共利共享」的經營哲學，我們可從其經營管理團隊的資深與優質得到見證，不斷投資教育訓練，培養團隊，這是上品能夠勝出的關鍵。

最佳拍檔：賢內助與接班人

更難能可貴的是董事長擁有一位不離不棄、相互扶持的賢內助與謙虛肯學的接班人，這真是應驗「磁場效應」的理論，也是我最為肯定的地方。我常觀察社會上有成就的案例中，總是會有「不完美的組合」，但是在黃董事長的企業經營與家族經營上就是「完美組合」，這是令人學習的楷模。

黃董事長從農村子弟、基層人員，克服身體的不方便，白手起家如今創業成功，本著回饋社會與善待員工的經營理念，終於創建了台灣第一大的「寢具連鎖」，值得肯定與效法。

我深信「成就是一時的，典範是永續的」，這應該是上品黃董事長的最貼切寫照，很榮幸撰寫黃董事長新書《不完美中的超完美：缺陷者是帶著使命來投胎的，歡迎來到好眠幸福世界》的推薦序文。

敬祝上品以企業家族的永續發展，實現黃董事長的理念。

推薦序

做更多人的人生導師

莊燈泰
台中市室內設計裝修商業同業公會榮譽理事長
台灣省室內設計裝修商業同業公會聯合會榮譽理事長
台灣病態建築診斷協會榮譽理事長
行政院政務顧問

能認識黃董事長賀明先生，是末學無上的幸福與讚嘆！

黃董事長的人生故事，宛如一場充滿生命奮鬥史的電影般，令人不捨與敬佩。

拜讀黃董事長新書《不完美中的超完美：缺陷者是帶著使命來投胎的，歡迎來到好眠幸福世界》，書中的五萬字，其實是不足以將其身體與心靈上所有的經歷，完完全全地表達出來的，更多的是旁人所無法體會的辛苦與歡笑。

末學很榮幸的遊走在書中的文字之中，也深深地感覺到彷若參與了黃董事長的每一個生命階段、每一個時間，體會了黃董艱辛生活的真實境界：跟著他摔倒、跟著他跑、跟著他衝……

就像黃董事長所言：「不同的人生舞台，呈現不同的人生劇本；任何的不完美，不也是另一種美嗎？」

最上等的勵志葵花寶典

黃董事長一切的一切彷彿在昨日般，事實上卻是已過了數十個寒暑；這一路走來的辛苦、無助、傷心、盼望或希望，在在都訴說著：為了生活理念目標，唯有一個選擇，那就是前方的路，無論有多少的荊棘、石頭阻礙著，更甚的是無情的身體考驗，只要心存：我一定可以突破的念頭，一切的障礙都將化為向上的助緣。今日上品的睡眠工程是業界龍頭。幾經多少風雨的挫折與艱難，相信不曾有過這些經驗的人，箇中滋味是無法體會的啊！

積善之家，真的必有福！黃董事長於事業前進的當下，亦不曾忘懷，適時的展開雙手幫助需要幫助的人！如此的廣結善緣，相對也得到更多的肯定與祝福！

黃董事長不僅是位成功的企業家，更是一位愛家、愛賢內助的好男人！常說，家和萬事興；如黃董事長這般的良人，您說如何能不成功呢！

黃董事長的人生故事，清楚的告訴世人；只要您肯努力、有信心、夠勇敢，凡事又皆能正向思考，也有想要把事情做好的一份心，相信老天爺都會派人來協助成就您的。

對於現今多元挑戰的大環境社會，堅信這本書的出版，對於正處於事業、家庭徬徨無助的年輕人，無疑是提供了一帖最上等的勵志葵花寶典。

人生最快樂的事，莫過於在為了追求理想目標而努力的奮鬥中，接受了順境、逆境的各種考驗之後，最終能達到自己設定的目標，甚至是超越了目標。

每個人也都會進入時間的長河中，只願歲月能走慢一些，將更多的福與慧，付諸於黃董事長賀明先生身上。

祈願您身體健康、平平安安！做更多人的人生導師。

推薦序

創業有成，令人敬佩

謝豐享
台中市商業會理事長
東順興貿易股份有限公司董事長

我和黃賀明董事長是在二〇〇一年我們同時擔任扶輪社社長時認識的，算算也有二十幾年了。當時的印象，他充滿活力，對事業的發展全力以赴，隨時都有創造力展現；對人又充滿熱情，誠懇待人無私，只要有他在的地方，總是充滿歡樂，是大家都很喜歡的好朋友，很榮幸能為黃董新書《不完美中的超完美：缺陷者是帶著使命來投胎的，歡迎來到好眠幸福世界》寫推薦序並分享給大家。

享受到真正的睡眠好品質

我特別欣賞他在事業上只推薦最好的產品給客戶，又要讓客戶安心享受到最合理的價格。我也因此在二十年前就向上品買了歐洲的雙人電動床，享受到真正的睡眠好品質。

這種經營理念讓上品的口碑蒸蒸日上，成為業界的楷模。黃董事長並在民國九十一至九十七年間擔任兩屆台中市寢具公會的理事長。

黃董事長事業的成功，除了他本身的堅強意志力之外，他的夫人更是他事業上的強力伙伴及精神上的最大支柱。而成功的二代接班也讓上品在這幾年疫情期間業績大幅度成長，展店之快冠於全業界。

我以黃董事長的傑出表現為榮，祝福上品繼續成長茁壯。

推薦序

逆風飛翔，擁抱幸福

李秀媛
中國廣播公司《綺麗世界》節目主持人

第一次見到黃賀明董事長是在上品的寢具發表會擔任主持人！一開始，優秀的執行長黃世豪規劃了各項的活動流程，進行順利！到了特殊的環節，聽到現場掌聲響起，入口處是由優雅的夫人推著坐在輪椅上的董事長，緩緩進入會場！好多人此起彼落的跟他打招呼，我則是訝異的看著這位受歡迎的董座，面帶微笑點頭致意，似乎每位都認識！套句話說，粉絲真多！當麥克風送到他面前，開口致詞時，鏗鏘有力！說了些感恩、期待、嘉許的心裡話，一陣感動！多不容易啊！現場的很多貴賓都是老客人，看著他們一步一腳印的成長！還有人說從小蓋的被子、睡的床都是上品的，現在都已經要當婆婆啦！還是要買來送給未來的媳婦。

從不屈服，勇敢向前

看了這本書《不完美中的超完美：缺陷者是帶著使命來投胎的，歡迎來到好眠幸福世界》真心佩服！從小環境不好不重要，有一顆上進的心最重要！沒想到黃董才二十多歲時，就受到了現在的醫學都無藥可醫的肌肉萎縮症考驗，逆風飛翔是他一輩子的寫照！不但娶得美人歸，把上品寢具的招牌打得響亮！以人為本的幸福產業，更是企業的精神，也是自己最堅持的信念！現在也傳到了第二代手上，善用高科技和智慧，把老爹的心血和服務的理念做得更紮實！非常榮幸認識這樣一位企業家，從不屈服，勇敢向前！這是一本勵志的故事，獲益良多！

推薦序

不但最懂睡眠，更懂勇往直前

范可欽（范瑞杰）
中國廣播公司《異想世界》節目主持人

在人生的道路上，我們往往會遇到一些特別的人，他們的故事和堅毅精神激勵著我們。今天，我很榮幸推薦我的朋友黃賀明董事長的新書《不完美中的超完美：缺陷者是帶著使命來投胎的，歡迎來到好眠幸福世界》。

我們因為同樣坐輪椅而相識，進而成為好友。黃董的故事讓我深感驚奇，他如何在困難重重的境遇中，以堅定的信念和勇氣開創了屬於自己的成功事業。

這本書講述了黃董從一個鄉下孩子的成長歷程，如何在面對命運的嚴峻考驗時，始終堅守信念，不屈不撓地開創了自己的「睡眠人生」。書中透過一句句台灣俚語，呈現了黃董心中深深烙印的堅持與韌性。書中的故事令人感動，也讓我們思考生命的真諦和價值。

生命總會找到出路

黃董的成就並非偶然，他透過「睡眠工程」為無數家庭打造出幸福的居家生活。他的上品寢具集團在疫情嚴峻之際，依然逆勢成長，並在全台開設了十四間直營加盟門市。他成功將企業重擔交付予下一代，實現了以人為本的幸福產業。

書中，黃董分享了他的人生心得，讓我們明白生命中的挫折和坎坷，可以讓我們變得更強大，更具堅韌度。他的故事告訴我們，人生的價值在於每個階段都要過得精采絕倫，無論面對多大的困境，都要相信「生命總會找到出路」。

作為黃賀明董事長的朋友，我深感榮幸能見證他的成就。他的故事激勵著我們，要勇敢地面對生活中的挑戰，堅定信念，追求理想。

作者序

每一次挫折，都是上天給你最好的淬煉

黃賀明

我的這一生過得跟常人很不一樣，走來很精彩也格外的艱辛。家裡世代務農看天吃飯，十四歲離鄉背井隻身到台北中國海專（**即現今的台北海洋科技大學**）讀書依親舅父，半工半讀後上船當實習三副，一年後才能夠畢業。隨著船漂泊到世界各地港口上下貨，這期間我的肌肉萎縮症狀陸續地浮現出來，船上比較粗重的工作只能請別人幫忙代勞，熬過了一年下船返家終於完成了學業。緊接著要入營當兵因為操練力不從心，結果被要求退訓，這種對自己還有自信心的打擊不是一般人所能理解的。**「天無絕人之路，上帝給你關了一道門，一定會為你開一扇更漂亮的窗」**。之後就找到了一份穩定的工作和娶到一個好老婆，一做就是四十五年，從來沒有換過第二個工作和第二個老婆，這個是上天給我的補償。這一段的人生可以用**「吃苦像吃補」**、**「忍辱負重」**幾個字來形容。結論是：**「成功，是需要等待與忍耐」**，我做到了。

「天將降大任於斯人也，必先苦其心志，勞其筋骨……增益其所不能。」終於，我從生活中體會到經營事業是一條漫長的路，必須要具備意志力和堅持永不放棄的人格特質，只要**「有目標，再遠的路都可以到達」**這個道理。我更體會到天底下沒有解決不了的事，只是還沒有想到方法而已，這些話對後來我經營事業有巨大的幫助。

缺陷者是帶著使命來投胎的，我要感謝上天給我夜夜好眠至今已延壽超過三十八年，讓我在床墊寢具業紮下了更深厚的基礎，使我有更充分的時間研發更多的好眠睡具，給有睡眠障礙的人帶來更多的福音。膠原蛋白寢具、有機棉寢具、CBD漢麻二酚海鷗枕、還有力霸彈簧3.0的床墊和電動床都很受消費者的喜愛。

另外，三代同堂和家庭幸福是我最引以為傲的事情，我們和小孩、孫子都住在同一個樓層相互照顧，當大人外出打拼事業時沒有後顧之憂，小孩由阿公阿嬤來照顧更放心，正所謂的**「老有所養，幼有所託」**，還可以含飴弄孫享受天倫之樂。

再大的成功也比不上失去家庭的幸福，夫妻相處和諧也就顯得更重要了。以下是我的夫妻相處之道想和大家分享：一、**「安太座，比安太歲重要」**，因為安內才能夠攘外，家和萬事興。二、必須認知到**「婚前是跟優點談戀愛，婚後是跟缺點過生活」**。三、快吵快和，不要把怨氣帶過夜，**「床頭吵床尾和，夫妻一覺泯恩仇」**。四、互信：多給對方一點自由；所謂一丈之內是丈夫，一丈以外就馬馬虎虎。五、男人比較愛面子，女人就多給她一點裡子，所以**「男人是拿來被崇拜，女人是拿來被寵愛」**。以上的名言，只要你能夠參透，夫妻就能夠百年好合、白頭偕老。

我知道我的人生已經走到最後一哩路，為了不給兒女增添麻煩，我請了一位教練和兩位居服員，每天幫我做復健至少五到六個鐘頭，為了是能延長健康餘年的時間，不要給兒女帶來太多的麻煩。**「舉步維艱、寸步難行」**無數次的跌倒、受傷流血、爬起來、養傷、修復、復健、站起來、再戰。這是我近來的生活狀況，其實也是我一直以來的日常，而復健的過程更有如「愚公移山」。所有的努力，只是希望把最好的傳承給下一代，永續經營事業，過著更幸福的日子。

「一哩通萬里徹」（台語）、**「條條大道通羅馬」**，人的生命過程都不會差太多，希望藉著這本書《不完美中的超完美：缺陷者是帶著使命來投胎的，歡迎來到好眠幸福世界》的出版，與大家分享我的經驗，三代同堂、婚姻幸福、事業成功，你羨慕嗎？相信這都是每個人所嚮往的。在書中，還有更多的細節與案例跟大家分享，就請大家聽我娓娓道來。

目錄

第3章 成做一蕊凍水牡丹，愈開愈婧 083

——創業，從零開始建構夢想

雖然飽受病痛之苦，別人做八小時，黃賀明做十幾個小時，努力終於被老闆看見，在公司的薪水節節上升，前途看好。另方面，也如願娶得大家眼中的美嬌娘，成為眾人欣羨的對象。

人生至此，對許多人而言，或許就夠了。但是，對他來說，真的就滿足了嗎？就可以好好過上朝九晚五，平凡的中產階級生活……

第4章 一枝草一點露，天無絕人之路 109

——奮進，企業的轉型與升級

終於，黃賀明憑藉著過人的毅力以及獨到的眼光，在寢具業打下了屬於自己的一片天，成功贏得經銷商、客戶對他的信任。很快地，他迅速累積了資產，但是，同時也衍生了企業成長過程中，必須面對的挫折與困難。

就此原地踏步，只求穩定，採取保守策略？還是要大膽前進，化被動為主動？當企業要邁向下一個階段，朝向永續發展，更遠大的目標發展，要做哪些事？

第5章　新人只看眼前卒，高手推算五步後　121
——圓夢，邁向永續之路

所謂「新人只看眼前卒，高手決勝五步後」，為了日後的各種「可能」，從黃賀明到上品到底要先做哪些準備？才能為人生的下半場畫下完美的驚嘆號，如何為企業的永續寫下燦爛的一頁。

第6章　吃果子拜樹頭，飲水思源不忘本　137
——四十五年，專心做好一件事

「讀萬卷書不如行千里路，行千里路不如名師指路；名師指路不如跟對人、走對路」。黃賀明創辦上品迄今四十多年，到底擁有甚麼獨特的經營之道，才能在這麼多年當中，有別於其他產業，開闢了屬於它的藍海商機？

尤其二〇一九到二〇二三年，當全球各行各業都因為疫情，籠罩在一片愁雲慘淡之際，上品卻逆勢成長開了五家門市，分別在台中、台南、竹北、桃園、台北陸續展店。

疫情之下，是多數企業最辛苦經營的時期，但在黃賀明帶領之下，卻是三年業績連續成長，給全部員工連續三年加薪。

第7章　花若盛開，蝴蝶自來；人若精彩，天自安排　175
——接班與傳承，邁向未來
成功接班！上品正式邁入下一個永續階段。
當企業邁入永續發展的階段時，傳承已成刻不容緩的重要課題，交由第二代接班？或是專業經理人？在在都考驗著創業者的智慧，更是企業永續生存的重要命脈。

結　語　天道酬勤　203

前言

番薯毋驚落土爛
只求枝葉代代湠

「好天要積雨來糧」這句台灣俚語，打從有記憶以來即深深烙印在黃賀明的心裡。直到他步入社會工作，在一步步走向未來的過程中，更是將「超前部署」、「還沒贏，就要先想輸了怎麼辦」發揮到極致，進而開創出屬於他獨一無二的「睡眠人生」。

一切從零開始！

那一幕永遠忘不了。多年前，當醫生說黃賀明活不過三十二歲的那一刻，太太當場落淚，媽媽為之傷心不已，只有他咬緊了牙，目光炯炯。**「番薯毋驚落土爛，只求枝葉代代湠」**這句常掛在口頭上的台灣鄉土諺語，成為他一直惕勵著自己的名言。

時至今日，黃賀明不僅在床墊寢具業開創出斐然的一頁，尤其在疫情嚴峻，產業歷經嚴酷考驗之際，他所創立的上品寢具集團已率先逆勢成長，從南到北連續開設直營加盟達十四間，並預計於近期成立總建築面積達二千坪，廠辦住店多功能合一的總部大樓。黃賀明說，家不僅是一種空間、一個名詞，更是一份最堅強的後盾與情感歸屬；四十多年來，他為無數家庭打造出屬於自己的幸福居家，他所創建的「睡眠工程」，就是經年累月只專心做好一件事的心血結晶。如今，已走到古稀之年的他，正享受著三代同堂，和樂融融的日常。

一手打造「以人為本的幸福產業」，不管對他或是對集團而言，特別是此時此刻的他，已成功將企業重擔交付予下一代負責，而且完全交班。「接班，有時候真的比創業還要艱難。」嘆口氣，黃賀明笑道。

事實上，一路走來，他常戲稱自己是莊稼小孩，從有記憶以來住的就是鄉下的土角厝。只是看天吃飯的日子雖不好過，但，他始終都說，**「人生，就是要每個階段都過得精采絕倫，小時候困頓，長大之後才有說不完的故事。」**

「上帝給你關了一道門，就一定會幫你開一道更漂亮的窗。」他常

笑說道。

一九八〇年，當黃賀明創業的那一刻，立志打造睡眠工程，即開啟了此後數十年間，屬於上品寢具集團璀璨而輝煌的篇章。接下來，從批發、代理、研發，從併購到轉型創立自有品牌，發展床墊、棉被、寢具、居家生活用品，進軍百貨業，再決定專攻頂級客層，跨足五星級飯店、旅館、坐月子中心，成為涵碧樓、喜來登等飯店備品供應商，黃賀明一步步擘劃展開**「來自彰化、立足台中、精耕全台、連結國際」**的企業藍圖與目標。

今日，走進位於台中精誠路的上品旗艦館，挑高的空間寬敞而明亮，「繪見幾米」系列寢具繽紛而多彩的設計尤其令人矚目。隨著視線的延伸，電動多功能調整床、膠原蛋白寢具組、石墨烯保暖被、親水枕以及一系列來自歐美頂級品牌的寢具，更讓人驚覺這棟建築的與眾不同之處。「我們上品在台灣已經有四十幾年了喔！」黃賀明每每提起從零資金創業至今，在全台十四家連鎖門市裡，這間巍峨高大的旗艦店的意義更是非比尋常，話中語氣總不自覺流露出滿滿的自信。

對他而言，一九九一年落成的旗艦店，代表的不僅是開展企業藍圖的起點，也是人生道路上的重要里程碑。

失敗只會讓你變得更強，生命終將展現更大的堅韌性。「生命總會找到出路！」黃賀明笑說。

曾經，被醫生宣判活不過三十二歲

「二十八歲時，我就被醫生宣判活不過三十二歲。」黃賀明坦言，當他因為走路跌倒，雙手舉不起重物而去醫院檢查，被診斷出肌肉萎縮，壽命僅剩不到五年之際，對從小一心立志要賺大錢、成大功的他，無疑是重大的打擊。

「真的讓人非常沮喪……」語氣一轉，他說，「從小我就看著父母辛苦種田，為了討生活，媽媽要四處去賣菜、做碗粿補貼家用。」即使往事如風，至今相隔已逾一甲子，談起過去，黃賀明的語氣中仍帶著莫大感慨。家裡務農，靠老天爺吃飯的日子本來就難過，再加上一家大小食指浩繁，想想六個人要蓋一條棉被的日子，「記憶真的非常深刻。」他苦笑道。

不過，他隨即雙眼發亮，臉帶笑意說，「生命總會找到出路！」小時候過得苦，卻更激發出他滿身的鬥志。進入社會後，他總想著要比任何人還要認真。冬天騎摩托車出去跑業務，衣服不夠暖，沒關係，他笑著比劃著，就往衣服的夾層裡塞報紙。風雨天出去跑業務，騎摩托車滑倒，「最多就是爬起來，一路牽著車回公司，沒甚麼的。」

人生的坎坷、挫折，所有的不如意，如今已變成鞭策著他前進的動力。即使，肌肉萎縮的重創，也不會讓他停下腳步，只有再站起來勇往直前，因為這個時候，他知道：這世間彷彿就沒有任何事能再打倒他了。這個意外可說帶來了祝福，因為自己的受苦無法好好睡，反而更一步步走上專心研究在寢具床墊的開發上：如何睡得更好？睡得更舒適？從此他就立下宏願，「要成為消費者睡眠健康和荷包的守護者。」

人必自助而後人助，這話就是黃賀明的最佳寫照。隨著他的努力付出，也是在二十八歲的這一年，一切就像水到渠成般，年年都是公司銷售冠軍的黃賀明在廠商及客戶的鼓勵下，籌措了十幾萬的資金就此開啟了他的創業之路，更令人欣喜的是，他也一舉打破了醫生所說的「英年早逝」魔咒。

四十五年只專心做好一件事——睡眠工程

黃賀明很謙虛的說：「沒有比別人聰明，這輩子只要做好『睡眠工程』這件事就好，沒有做過第二種工作，現在四十幾年過去了，一路走來我始終如一。」一九八五年，當他第一次在台中向上路成立第一家門市「上品寢具名店」時，迥異於當時一般商家的作法，大多只是將棉被、枕頭等堆放在層架上毫無美感，他像展示精品般陳列在透明櫥窗內，而且到處尋求參展的機會。

「只要有曝光的機會，就會多一份知名度，讓人注意到上品，那麼就有可能多賣出一份商品。」積極而樂觀的態度，讓他很快地就打開了屬於上品的寢具床墊市場。六年後正式開幕的上品旗艦店，共八層樓、佔地七十幾坪的面積，再加上併購了德國名床葛洛麗（GLORY）品牌，一步步從代理到擁有自有品牌，開創了創新的「睡眠工程」企業文化。

走進上品，有睡眠顧問師提供最佳的個人諮詢服務，從睡眠到適合的床墊，樣樣都很貼心。而空間規劃師更進一步將寢具融入室內設計，這是其中最精巧而重要的一環，讓人不僅睡得舒服，更帶來視覺上的極致享受。

「以人為本的幸福產業」，是黃賀明堅持的上品精神，從員工到客戶，從每一件商品到服務，無不展現得淋漓盡致。不僅如此，他也常注意社會新聞，關懷弱勢，善盡企業的社會責任。當香蕉、高麗菜價格慘跌時，身為農民之子的他大手筆買進，然後分送給各個弱勢團體做公益；或者和公益團體攜手一起舉辦活動，邀請腦痲朋友到總部喝下午茶、聽黃爺爺講故事……等等。

如今的上品，不僅在疫情的衝擊下逆勢成長，桃園、竹北、台南館、大直館分別在二〇二一至二〇二三年盛大開幕，業績屢創新高。終於，「來自彰化、立足台中、精耕全台、連結國際」的想法與目標，已不是單純的口號，而是落實在黃賀明的營運中，一步步展開睡眠工程的健康世界藍圖。

黃董聊天室

如果說我看得比別人遠，那是因為我站在巨人的肩膀上。

——牛頓

回想過去，心中總是充滿了很多的感慨。

小時候生活過得辛苦，尤其是看著務農的父母，就更加決心日後一定要闖出一番事業。而對於曾經幫助過我們的人，就如媽媽所說，「吃人一口，還人一斗」，我們困難時曾受到別人的資助，現在行有餘力，也要儘可能幫助別人。

只是在這人生道路上，尤其是一路往前，為事業而奮鬥的過程中，有時候難免忽略了家庭，就成為我這輩子心中最大的遺憾。「樹欲靜而風不止，子欲養而親不待」，從小就跟在媽媽、阿嬤身邊長大的孩子，對於他們的媽媽與阿嬤當然是有無限的敬愛，但對於我這個父親與阿公就是有些不諒解了。雖然經過這些年我們幾次的溝通，他們多少也能瞭解，但為了打拼事業所造成的遺憾，終究是留下了。

人生走到了現在，真的有許多的體悟。

第 1 章

●

嘴若開，生意就一大堆

成長，困境中找活路

出身農家子弟的黃賀明，住的是土角厝，又罹患了肌肉萎縮症，到底有甚麼樣的才能，讓一個嬌滴滴的女孩願意嫁給他？並決心和他攜手共創未來。毫無背景，沒有任何財力的他，如何在艱困環境中，走出一條活路。

時代一直在進步，環境不斷在改變，飽受肌肉萎縮之苦的黃賀明更是努力不畏縮，希望保持在前面……。

時間回溯到過去，漫長歲月中的點點滴滴就像昨日才發生過的一樣。黃賀明從小生活在南投鄉間，家中有四個孩子，一個哥哥、兩個妹妹。夏天氣候炎熱，全家六口人，大家一起共睡一張床，還沒有什麼問題，冬天天冷，尤其寒流來襲，僅有的那一條厚厚的棉被，卻是怎麼樣都擋不住從四面八方滲入的陣陣寒意。

「一條棉被，大家總是相互搶來搶去。」黃賀明倒是一點都不會放在心上。坐在位於台中精誠路上的上品旗艦館，隔著整面的落地窗，栽種得枝葉繁茂、鬱鬱蔥蔥的綠色盆栽，將室內映照得一片綠意，盎然的生趣將整個空間襯托得更加明亮而溫馨。而沙發椅旁，黃賀明雖然從一進來就坐在輪椅上，臉上卻始終都充滿了自信的笑容。

他說，前不久才「又」不小心經歷了人生中最嚴重的一次坐摔，「只能慢慢復健，讓身體好一點囉。」雲淡風輕的態度，讓人絲毫感受不到他生活上，現在每移動一步，幾乎都得仰賴旁人協助的不便。

「不管遇到什麼事，他就是都能保持非常鎮定的情緒。」另一半黃素吟說，從兩人認識的那一刻起，黃賀明給她的感覺就是：只要有他在，就算整個世界都壓下來，她也不用怕。

「他說，他有一百六十三公分，而我有一百六十，再怎麼樣也都是由他頂著。」看似玩笑話，卻是兩人結褵四十幾年來實實在在的寫照，尤其當四十多年前黃賀明決定創業的那一刻起，全心投入在寢具的開發，歷經多年的經營思考與市場考驗，才形成「以人為本的幸福產業」的企業定位，一路上的挫折與艱難，他都一肩扛下。直到今日，不僅成為台灣業界龍頭，一手打造的睡眠工程，更締造出屬於上品寢具斐然的企業歷史。

春耕、夏耘、秋收、冬藏，從小過著腳踏實地的生活

「嘴若開，生意就一大堆。腳若走，生意就一山盤。」

這句俗諺，恰如其分的詮釋了黃賀明一路走來的堅持與無悔，更是他人生的寫照。

黃賀明常說自己是道道地地的農家子弟，從懂事開始，就在山林、田野間種菜、下田，「什麼都種，只要能賣錢。」不僅如此，放學或假

日時還要跟著媽媽的腳步，到處借人家屋簷下做生意。「媽媽會說這邊方便讓我賣菜嗎？媽媽的手很巧，會自己做粽子、蒸粿到處兜售。」說起過去，黃賀明雙眼燦亮，思緒就像回到了從前，半晌，才又再度緩緩開口。

「還記得當時我們家的田就位於中寮的半山腳下，不是平的，是斜坡。」頂著烈日，一步步彎腰插秧十分辛苦，不平的地勢，還要付出更多的體力。而且，這樣的農活往往一做就是整天，很多時候只有到正午時分才能起來，稍作休息吃個簡單的便當。「當然，幸運時，一個鐘頭左右就可以起來吃點心了，只是吃完還是要繼續插秧。」說到這，他忍不住直笑。

曝粟、篩糠的辛苦，箇中滋味，更是只有親身體驗過的人才會懂。「頂著大太陽種田很辛苦，曬稻穀時，又怕天氣突然驟變。稻穀只要一淋到雨，就會發芽……」說到這，他長長吁了口氣。這個跟經營企業一樣「不進則退」，很可能一停頓就會被彎道超車。

春耕、夏耘、秋收、冬藏，好不容易插好秧苗，接著又是一連串的工作。巡田是例行性的農活，注意水量、病蟲害、除草，每一個環節都不能疏忽。等到綠油油的稻田轉成為美麗的黃金稻浪，收割完田地後，又是另一個階段的開始。片刻都不能停歇！

插秧，看似是往後退，其實每一步都是在往前進。這句充滿哲理的話，在第一次從農人看似漫不經心的閒聊中聽到，起初，他並沒有什麼特別的想法，直到有天他突然醒悟。「恐怕只有親身體驗過的人才會知道吧！」他低頭，若有所思笑道。

看天吃飯的日子特別辛苦。黃賀明緩緩說道，「現在可能因為全球天氣暖化的關係，氣溫明顯較高。記得以前冬天天氣非常冷，有時候一下田，腳底都可能因為凍傷而裂開。」提到此，他微皺起眉，半晌，沈吟說，父親因為長期在田裡工作，雙腳腳底早已長滿厚厚的一層繭，很多時候即使踩到了釘子，自己也是渾然未覺。

「很難想像，對吧！」他笑道。

而母親更是備極辛勞，除了平時的農活，早上四、五點，天剛亮就急著上山去採香蕉葉做粿，然後到處兜售賣錢。幸運時碰到市集就會賣得比較好，可惜的是，當時賣菜通路有限，不是在涼亭下，就是必須去拜託旁人不用的場地，讓她擺攤。「有時候賣不完，又要將辛苦做好的粿帶回家。總之，當時一心總是想著怎麼樣才可以多點收入。」

生活上的點點滴滴，黃賀明都看在心裡。「公公婆婆的意志力都超強，生活也很節儉、勤勞，腦筋也動得快。」黃素吟說。「在我的印象裡，阿嬤很喜歡也很擅長做一些小吃，很有親和力手又很靈巧。後來再想想，以我們那個年代來說，阿嬤其實是非常時尚的，因為我人生中第一次去唱歌和看電影，都是阿嬤帶去的。」目前已接班的大兒子、執行長黃世豪說。

黃賀明笑說，南投人的農作是很辛苦的。自己從小就是一個喜歡追根究底的人，看著周圍的人辛苦種菜、種田，隨著時序栽培不同的農作物，每天為生活而忙碌，卻又賺不到什麼錢；相反地，在稅捐處工作的親戚，介紹他去打工，接觸到了貌似貴婦的人，每天就是悠閒地喝下午茶，與人聊天，過著迥然不同的生活。一切的一切，都讓小小年紀的他，開始產生了很多的問題與想法。

初中畢業，也不過是個十幾歲的少年，考上了台北的中國海專航海科（**後改名為台北海洋科技大學**），在家人的支持下，黃賀明毅然一個人負笈北上入學。

從小到大，黃賀明始終都沒離開過家鄉，對於未來，卻充滿了強烈的期待及憧憬。他說，「媽媽是一個有遠見的人，她說種田是沒有什麼前途的，台北資源多，將來的路也才可以走得更廣、更遠。」身教重於言教，父母的點滴付出，尤其是從小到大總是跟在媽媽身邊，看著她的辛苦，家鄉成長的經歷都讓黃賀明謹記在心中，也使得他比一般人多出一份早熟而體貼的心思。

「就是對農民、農產品特別有感情。」他正色說，靠天吃飯的日子並不容易。因此，直到日後他事業有成，一遇到菜價崩盤，他總自掏腰包幫助農民度過艱困，曾到處去鄉下蒐購所有的高麗菜，也曾買下不計其數的香蕉；不管是通知里長分送當地社區居民，或是和公益團體合作，舉辦搶救蕉農大作戰的活動，都是他發自內心的一份心意。

改變現況，走出自己的新人生

背負著家人的期許，年紀尚小的黃賀明在民國五十年代，一個人坐了六個鐘頭的火車，一路顛簸地來到台北。面對著繁華的世界，正值青春年少的他，心思是單純而篤定的。「老實說，當時真不覺得害怕，對於大人所說的一切只是似懂非懂，就是一心只想著媽媽說的『到台北才有前途』。」他打定主意，畢業後一定要馬上努力工作賺錢。

選擇中國海專就讀，黃賀明像是半開玩笑半嚴肅的說，就是家裡貧窮，畢業後可以保證有工作有收入。他說，「當年航船科技並不發達，出海航行等很多事宜都得仰賴人力，不像現在都有先進的電腦科技。」板著手指，黃賀明仔仔細細地繼續說，需要自己去計算方向、航道等距離，去看太陽與月亮的位置。當時沒有GPS（Global Positioning System，全球定位系統），要會看海圖，甚至閃避海底突出物。

「一趟出去，可能最少都要兩年，生活枯燥而乏味，但是平均薪資卻是比較高的。」說到這，他兩眼發光，就像回到了那個曾經青春年少的歲月，對未來充滿了希望。

「當時還是處於戒嚴時代，普通人出國一趟並不容易，可是就讀中國海專航海科，從工作本身來說可以輕易出國，算是完成許多人『不可能』做到的夢想。在專業度來說，即使是現在，隨著科技的發達，全球化船運也備受重視，專門的技術，船業還是一枝獨秀。」他正色繼續解釋道，「船分輪機跟夾板，從三副、二副到大副，以及船長，最後還有Pilot，又稱為領港員、帶水、領航員或是引水人，一個月薪水最少都有五、六十萬，年終可達百萬甚至千萬。」

黃賀明說，即使現在科技這麼發達，航運還是普遍面臨缺工的問題，很多年輕人不願意跑船，有的考慮家庭之類的，「拋妻棄子」的問題始終讓人無法放心。「其實，不管是高階船員或是單純當一個水手都不容易，要能吃苦，還要會看貨單，和外國人溝通，都不容易啊……」說到這，他微微一笑。

「他就是一個很拼的人！」黃素吟轉頭看著他，半晌，她突然這麼說道。黃賀明不語，默默回視後，隔著落地窗灑落在室內的光線，映著

滿室的綠意，數十年的光陰緩緩流逝，喝口茶他繼續道。

在中國海專就讀期間，白天半工半讀，晚上寄宿在三重舅舅家，跟著舅舅在夜市擺攤賣鞋子。日子過得並不豐裕，一片吐司一顆饅頭常常就是他賴以為生的一餐，但，他依然努力奮鬥。唯一讓他覺得困擾的是，手臂的二頭肌以及大腿似乎愈形「削瘦」。

「同學也不知道，因為在學校我都穿長袖。」當時的黃賀明一心只想著改變現狀，對於其他，他壓根沒有心思，也沒有多餘的時間去思考。「身上只要有多餘的錢，我就會寄錢回家。」說到這，他眉梢上揚。

上船，沒有辦法做粗重的工作，只能委由旁人代勞，最後發現自己竟然罹患肌肉萎縮症。

五專畢業後，根據規定，他必須上船實習一年後才能拿到畢業證書。這段期間，黃賀明到過韓國、新加坡、澳洲、沙烏地阿拉伯等地。「記得那時到沙烏地阿拉伯，還是很少人會去的時代。船一靠上碼頭，常常看到人們在港邊釣魚，晚上貨櫃船照明燈一打進海裡，就吸引一大群、一大群的魚靠過來。」說到這，他臉上充滿了笑容。

然而，誠所謂「有所得必有所失」，此時的他對於船上有些繁重的工作，愈來愈難以負荷。靠岸時拉繫纜繩，以及船隻的保養，還有敲除鐵屑、油漆等較為粗重的事務，雖然只是實習過程中的一小部份，但是，都對他造成一定程度的壓力。

「還好，生命總會自己找到出路。」黃賀明笑道，他索性就和大家採取互助合作的方式。

原本，他在船上擔任的是實習三副的位置，主要工作就是負責協助大副、二副處理事務，例如六分儀測船位、進出港的掌舵等等。若遇到人手不足時，當然也要肩負起一些繁重的事務。「甲板上比較輕鬆的工作，不用說，我都會自己來。至於需要花力氣的，就只好拜託同事幫忙。」

只是，這麼一來，當船好不容易靠岸，終於有機會可以下船遊歷、放鬆時，他就必須犧牲這難得的休閒時光。不是留在船上，幫忙寫家書、處理事情，就是跟在同事身邊負責翻譯，和當地人溝通。

「**一枝草、一點露，天無絕人之路**」，每個人都有存在的價值。黃賀明強調，有些人或許會笑他傻，但是，每個人都有他的存在價值外，更重要的是，隨時抱持著感恩的心。「**吃人半斤，你將來要還人十六兩（台語）；人家若是對你好，你就要懂得加倍奉還。**」這句媽媽從小告誡他的話，始終都被他視為圭臬，奉行不渝。再者，「**上帝為你關了一道門，一定會幫你開一扇更美麗的窗，**」他一直這麼堅信著。「我在船上大部份的工作，還是偏向於行政事務的內容，如信用狀、載貨清單等，處理一些文件等等。」他笑道，整體而言，這一年的實習，收穫還是遠比付出還要多更多。

正向而樂觀的態度，讓黃賀明順利走完這一年的實習，但是從學校畢業後，在那個當兵還是男人義務的年代裡，他一進入軍中後，潛伏在身體的問題迅速浮上檯面。「當兵時，最明顯的是拿M16步槍，大約五、六公斤重吧，一般人沒什問題，我卻怎麼也使不上力。一檢查知道得了肌肉萎縮症*，符合退役的資格。」直到今日，黃賀明提起這段往事時，依然是雲淡風輕的態度（**註：根據台灣脊髓肌肉萎縮症病友協會的解釋，脊髓肌肉萎縮症**（Spinal Muscular Atrophy, **簡稱ＳＭＡ**），**是一種**

由於位於人類第五號染色體長臂 5q11.2-13.3 的基因缺損（survival motor neuron，簡稱 SMN），導致脊髓的前角細胞（運動神經元）退化，造成肌肉無力及萎縮的一種體隱性遺傳罕見疾病，依發病的早晚及預後不同可分為四型）。

人生座右銘

「生命自會找到出路！想辦法克服困難，這也是對日後走進創業之路時，每每遇到挫折、困難時的一種啟蒙，自我惕勵時的方法。」漫漫歲月中，每每遇到困難、挫折之際，黃賀明總是抱持著正向且樂觀的態度。

小時候常跟著媽媽去菜市場買賣，在這些你來我往的交易過程中，媽媽的處事態度總是令他深深嘆服。有些時候有些人會貪小便宜，他看了很不服，媽媽總笑著說：「有量才有福。」、「我們吃點虧，讓別人高興，也沒有甚麼不好的呀！」

「當時，醫生一看，判斷說我可能活不過三十二歲，心臟也可能會萎縮掉，還說你老婆還這麼年輕。」他笑道。

「醫生真的很過份，當著我們的面這樣說，真的非常難過和生氣。但是，不知道為什麼，我就是相信他不會如醫生所說活不過三十二歲。」即使事隔至今已數十年，黃素吟提起時，雙眼依然發紅，神情毅然。

而當時黃賀明的媽媽則是急得四處投醫。「記憶中，母親一直對我們這些孩子採取放養政策。但是，卻是放而不縱，要我們獨立、勇於冒險，知道自律自愛，自己上課、放學，學會打點、照顧自己。可是對於我的病，她卻又是那麼緊張和重視。」

回憶往事，黃賀明臉上滿是感恩。他說，小時候有次半夜不舒服，家裡沒汽車，母親也不會騎腳踏車。心急如焚的她，就這樣一路背著他走了將近十幾公里的路，大老遠走去草屯鎮上看醫生。「這，就是母愛的偉大。」

這份來自於家庭深深的愛，也成為滋養黃賀明一路走來，在生活、在家庭、在事業上最重要的支持與力量。

黃賀明坦承，剛知道自己罹患肌肉萎縮的那段日子，心裡其實還是有過掙扎。「我個性比較倔，不願意就此服輸，即使做不到、手上就是使不上力，還是想著一定要拿起來，絕對不能輸旁人這件事。」說到這，他忍不住笑道，後來才知「凡事有利即有弊；塞翁失馬又焉知非福呢？」

「後來，我因此退伍，比別人提早兩年進入社會。等到我事業有基礎時，同齡人才剛要退伍。」

只是事發之初，著實對黃賀明一家人造成極大的打擊。「知道是肌肉萎縮時，媽媽四處尋訪名醫，但就是找不出病因，後來才知道連媽媽和舅舅也都有肌肉萎縮。好像是媽媽那邊的家族吧，都是二頭肌跟大腿萎縮。」說到這，黃賀明慎重說道，雖然這好像是基因遺傳的問題，但是，幸好孩子和孫子都沒有這方面的問題。

「當初，確診的時候，醫生也是跟我說大概幾年之後，我的心臟就很有可能萎縮。」說到這，黃賀明喝了口咖啡，淡淡笑道。母親，還有英國物理學家史蒂芬．霍金（Stephen Hawking）都是他人生中的導師。「他們的生命態度讓我瞭解，年輕人沒有放棄的權力！」他再次強調。

每一次的困難與挫折，都是上天給你最好的淬鍊。

一路走來，在外人看，他或許走得艱辛，也付出得比旁人還要多，但是，他從不曾放棄、沮喪。爾後創業，黃賀明因為是大腿及二頭肌產生肌無力，所以，在走遍各地，甚至到世界各國尋覓商機時，常常因走路而跌倒。膝蓋處，更是遍佈了層層疊疊，厚厚的結痂與疤痕。

「家裡面有許多的西裝短褲，不知道的人還以為我是特地訂做。殊不知，都是不小心跌破之後，直接裁剪當作短褲來穿。」黃賀明笑說，隨著年紀的增長，肌肉也慢慢地失去作用，他對死亡早已是無所畏懼，也不會埋怨。

「當初醫生說，我只能活到三十二歲，現在我都已經過七十了。應

人生座右銘

每一次的困難與挫折，都是上天給你最好的淬鍊。

該滿足了，隨時走我也都能含笑離開。」話音一落，身旁的黃素吟欲言又止，凝視著他，久久不發一語。半晌，她低低嘆了口氣。

夏日的午後，透著窗，種滿草木的庭院，在陽光的照射下，顯得格外得綠意盎然。黃賀明語氣淡淡地說，最近的一次摔倒，或許是年紀大了，走路明顯沒有以前方便，雖然已經過一年多的復健，也一直在努力。「但是，也不知道能不能回到重摔以前那樣。或許，以後會愈來愈差也說不定，也可能未來都要依賴輪椅。」

他嘴角牽起一絲的笑意，繼續說道，「想當初聽到自己有肌肉萎縮時，一開始是非常沮喪。只是，後來想一想日子總是要過，那時也還在跑業務，業績不比別人差，慢慢地就看開了，身體上的缺陷，當然就一點也不在意了。」

人生座右銘

行船時，曾經有次上萬噸的貨輪裝了滿滿的礦砂。不料，當時好巧不巧竟遇到高達十一、二級的強風，更巧的是，本來檢查無誤一切正常的船竟又故障。當下，只能暫時停在原地等待救援，任憑狂風「折磨」。

遇到這樣的狀況，即使是行船老手，很多也都是暈吐到連膽汁都嘔出。而黃賀明一開始也是如此，後來，他靈機一動，便上甲板找個柱子或欄杆抓著，然後，整個身子放鬆隨船擺動。就這樣，達到與船的搖晃頻率相同，就不會對自身的平衡感產生衝擊，自然就不會暈船。

順勢而為地掌握趨勢，並率先作出精準的判斷，也是黃賀明在創業過程中所領悟出的重要道理與價值。

黃董聊天室

保持樂觀的心境，讓我這麼多年來得以走過生命的低潮、闖過事業的低谷。尤其是當我決心投入床墊寢具業，潛心研究睡眠工程的領域時，就像這首詩「春蟬到死絲方盡，蠟炬成灰淚始乾」所說的，我始終覺得，戰士就是應該要死在戰場，而商人就是應該在商場，開疆闢土的才是真英雄。

人生，就是要盡全力活得精采，即使年少時困頓，活得比別人艱辛都沒關係，因為到老時才有說不完的故事。

有這個意外，我的人生才有一番不一樣的發展，在睡眠工程上有了更深的領悟，在寢具業做更深入的鑽研。並且，在這四十幾年來，只專注於做一件事情的同時，也深深瞭解所謂幸福人生的五個真諦：

第一，是樂觀的生活。第二，要有良好的人際關係，就像過去我參加很多社團，最後還成為理事長、會長、社長等。第三，生活一定要有目標。第四，要有良好的睡眠品質，這會讓你有健康的身體，才會有絕佳的生活品質。最後第五，擁有幸福家庭，這是最重要的關鍵。請記住！再大的成功，都無法彌補失去家庭的遺憾。

就像現在，每每看到老婆故意逗弄著孫子，彼此玩得很愉快。我雖然行動不便，無法參與其中，只能用眼睛感受，心中卻是滿滿的幸福感。

第 2 章

●

面笑嘴甜，腰要軟目識好，腳手緊

蛻變，勇敢逐夢

十四歲離鄉背井，晚上在夜市賣皮鞋，他邊想著畢業後一定要好好工作賺錢，沒想到，突如其來的疾病打亂了他所有的計畫，怎麼辦？就此放棄嗎？
不！黃賀明咬緊了牙關，當起了菜鳥業務，一台機車「凸」中台灣。冬天冷，把報紙塞在外套裡禦寒，下雨天機車打滑跌倒，沒關係，牽起來，頂多就是身上全濕繼續往前走。他，依舊比任何人更努力。

就業，踏入社會

離開軍中的生活後，向來獨立的黃賀明第一個想到的念頭，就是馬上工作。沒有時間讓他有片刻的猶豫或沮喪，即使是遇到挫折困難都是。

做人本來就會有情緒，但遇到事情發脾氣是沒有用的。迫切要做的，只是把事情處理好，就行。俗語說「吃苦當吃補」，哪有時間抱怨。

「隨著時間的歷練，人的修養也會愈來愈穩。其實，這也是身體行動不便所帶來的另類思考。」他笑說，綜觀局勢，萬一與人起衝突，對自己也容易產生不好的影響，所以，每走一步都需慎重。

「這也是一種生存之道啦！」他再次笑道。

二十歲出頭，初入社會，原本想從事海上的工作，一來待遇不錯，二來學有專精，是自己的本業。豈料，剛好遇到經濟不景氣，等了些日子，還是沒有任何消息。報紙求職廣告上的一則徵人啟事，頓時，引起他的興趣，是關於嫁妝百貨、日常用品的批發商工作。

民國六〇年代，結婚的傳統禮俗中，包括帶路雞、甘蔗、青竹、炮燭、十二禮等等，還有各式寢具，不同的禮品皆各自代表著特殊的意義。尤其是衣飾、布料等，大多從嫁妝百貨業中去選取，是當時極為熱門的一項產業。

黃賀明說：「或許是命中註定要走的行業，因為這一腳踏進去之後，就再也沒有離開過。我的人生從此為『睡眠』而奮鬥，再也沒有換過別的工作。」此外，他萬萬沒想到更因此贏得一生摯愛的青睞，同時，也是最重要的伴侶——黃素吟。

找到一生懸命的事業

曾經，在黃賀明小時候，跟隨著母親四處賣菜、賣粿，他學會了甚麼叫作**「面笑嘴甜、腰要軟、目識好、腳手緊」**，這是買賣要成功的重要祕訣。求學時，為了打工賺錢幫忙分擔家裡的重擔，他瞭解了**「人叫咱做啥，咱就做啥，免揀工課做」（台語）**，不管做事或學習都不必預設立場、設定目標，因為可以學的事情實在太多了，只要記得專注做、認真做的原則。

起初，走入嫁妝百貨業只是一個偶然的決定，單純謀生的一種方式。作為倉管，辦公室裡穩定的生活，對許多人來說或許就夠了。然而，當有天老闆問他願不願意換個跑道，挑戰業務的工作時，黃賀明沒有一絲的猶豫，他笑了笑，隨即點頭答應。

「我是個不會挑事情的人，老闆既然叫我去做，我就去做。」他說。

「是福不是禍，是禍躲不過」，冥冥之中也許是上天的安排。

臉帶著微笑，隨即語氣堅定地繼續說道，「而且，說不定這就是個機會。機會來了，當然就要勇於接受挑戰。」當時，即使每天看到業務回到公司，就要檢討當天的業績，尤其是遇到他們心目中向來最難開發的南投、雲林這兩個縣市，業務總是滿口的抱怨與怒氣，黃賀明依然不以為意。

「其實，老闆一開始問我要不要換到業務的領域時，我就知道他是要我去開發大家都不願意去的縣市。」一位在彰化的公司，原本的六個業務負責周遭幾個縣市，唯獨南投、雲林的業績向來很差，根本沒有人願意負責，黃賀明就一口答應扛下來。

「一切就是事在人為，一開始當然會很辛苦。「而且困頓中的環境，才能發現你不知道的潛力到底有多少？」他笑道。

早期環境艱困時，提著一卡皮箱去做生意的故事，曾經是台灣商人華路藍縷，開發市場過程中傳奇的一頁。而對於黃賀明而言，卻是實實在在的生活點滴，尤其是那時他的身體早已出現諸多狀況，體力以及身體的各方面變得很吃力，都對他造成一定程度的侷限。但是，他不僅從不曾放在心上，甚至因此而惕勵自己，要付出得更多，而且，還要比任何人更努力。

「出門時，我都會載著一個很大的皮箱，裡面裝滿了樣品。然後，騎著摩托車四處拜訪客戶。中午時，就近將摩托車停在公園裡，把袋子當靠背睡在公園的石凳上。」由於身體上的限制，他的動作也顯得比較緩慢。

一般人可能一天只需要跑八個小時，黃賀明就得多跑到十一個小時才能跑完。有時候，回家的時間晚了，特別是冬天時，為了禦寒他會穿上雨衣。如果還不夠，或是沒有雨衣，他就會塞報紙在衣服裡面以防風、保暖。

「台灣冬天的寒風，真的很刺骨，碰上下雨那更是又濕又冷。」他微皺起眉說道。半晌，就像想到了幾十年前那個總在四季晨昏，隨時騎著摩托車，四處闖蕩的年輕小伙子，臉上浮起了一絲的笑意。

他清楚記得，騎摩托車雖然方便，移動也迅速，卻很容易在下雨天滑倒「梨田」。「有次，剛好遇到颱風下雨天，我騎車經過西螺大橋時，突然來一輛汽車，為了閃它，車子就整個失控打滑。還好，人是沒什麼大礙，卻費了九牛二虎之力才把車扶了起來，然後慢慢騎回公司宿舍。」這件數十年前的往事，至今，仍深深烙印在他腦海。

最令他難忘的是，回公司之際是老闆幫忙開的門，而且，當時老闆娘剛好和廠商因價格問題產生口角，氣氛正僵持不下。卻在此時，黃賀明滿身狼狽，卻還堅持手提樣品袋，一路走進去。

「或許，就是在這時他們注意到了我，一個年輕人颱風下雨天還外出跑業務到很晚，最後弄得渾身溼答答又受傷。」說到這，他忍不住大笑。

這段期間，他的努力不僅是備受老闆、同事、廠商肯定，甚至也引起甫進入公司擔任會計的黃素吟注意。

黃素吟出生在一般的公務員家庭，阿公是秀才，才剛滿二十歲的她一進入公司，談吐優雅、氣質婉約的她，很快就贏得所有人的眼光，尤其是單身的男性員工。「在公司的時候，他的業績都是第一名，覺得他很厲害，後來更知道他又很孝順。」一開始，她的目光就不自覺被黃賀明所吸引。

「不曉得為什麼，好像所有的困難一遇到他，就都不算什麼。」這是二十歲的黃素吟，初見二十六歲的黃賀明，心中不自覺油然而生的第一個念頭，直到今日，仍讓她難忘。

「他好像把所有的注意力都放在事業上，非常的專注。」提起過去，黃素吟臉上滿是笑意。她說，一般的業務比較不敢接受挑戰，但黃賀明不一樣。

「他不畏懼去接受挑戰。記得以前台中有個百貨公司，所有的業務員中，他是第一個打進去的，這是相當不容易的一件事。」時光漫漫，即使距今已數十年的光陰，黃素吟記憶依然深刻。

她清楚地一件、一件述說著往事。黃賀明騎著摩托車帶著樣品四處拜訪，包括條件很差的客戶，他也都能將業績做得很好。有的業務是和老闆喝酒、抽菸、吃飯套交情，他卻是買菸送給老闆，自己不抽。別的業務是口頭上問老闆缺甚麼，而他卻是默默地幫忙整理貨架、商品、幫忙結單，以實際行動作付出。

「他是既認真又努力。」說到這，黃素吟不覺低頭莞爾。

「在他身上，我看到了一種別人都沒有的特質。相同地，很多客戶也都看到了。不少店家都會把他當成是自家的小朋友，而他也一樣，常常和他們一起分享各種知識，絕對不是單純的只要賺錢就好。」最讓她動容的是，那個年代賒欠帳款，最後倒帳走人的情形不少，即使是當時他們公司的老闆，面對這樣的狀況，最後也往往只能無奈接受。而他卻是一旦遇到了，就會想盡辦法盡責任去解決，為公司爭取更好的條件。

「一般來說，即使是老闆親自出馬，最多也只能爭取到三成的帳款，

人生座右銘

當你幫店家創造利潤與商機，也為自己創造被利用的價值，那麼，隨著利用的機會增多，服務也愈多，兩者的關係也就愈加緊密。

這樣就已經算是非常厲害了。他卻能談判到更好的價錢，讓對方願意付出更多的金額，真的非常不容易。」

再加上兩人都姓黃，很自然地就常常走在一起，直接稱呼他為「黃哥哥」。某天正午時分，好巧不巧兩人遇到就相伴一起吃飯。結果，他忘了帶錢，隨口說聲回去拿錢，再來贖人回去，黃素吟依然對他沒有任何埋怨。

「不知道為什麼，我就是相信他。從認識的那一刻開始，那時他才二十幾歲，就覺得他非常穩重，做事讓人放心，就像身體裡早已住著一個老靈魂，覺得他很像我的哥哥或爸爸會在旁照顧我一樣，很有安全感。」她低頭笑道，因此當他第一次主動開口約她，毫無一絲猶豫、掙扎，就是一口答應。

沒想到，向來十分守時的她，平常工作也不曾遲到過，那次的約會卻因為路上突發的狀況（**遇到鋪柏油路**）而遲到了。但，卻也因此看到了黃賀明令人心動的一面。

「那時候因為遲到對他有點小小的愧疚，因此當他說要帶我回他南投的家，我想都沒想就說好。」她不僅看到了黃賀明的家，一家六口溫暖又幸福的「土角厝」，還有他的孝心。

「他都會把錢拿回家……當時，我真心覺得他是個孝順，工作能力又好的人。」除此之外，隨著一天天的相處，她更發現了他身上眾多令人欣賞的優點。

「記得有次他騎摩托車，我坐後面抱著他。他問我，如果身上只有一塊錢的話，遇到困難會煩惱嗎？我說當然會煩惱啊，而他卻大笑著說，他不會，因為一塊錢還可以打電話，也還可以做很多事。那時候，我就發現他其實也是個很樂觀又體貼，又充滿幽默感的人。」

隨著時間的進展，黃素吟感受到彼此愈來愈有好感，然而在這段時間就有男同事告訴她，黃賀明身體上的問題，要她多注意。

「但是，那又怎麼樣呢？他說，即使天塌下來，他身高一百六十三公分，而你才一百六十，我幫妳擋住！」說到這，黃素吟臉上泛起甜甜的笑。她說，那時候剛好看了本書，上面寫O型的女人，就適合找一個B型的男人在一起。於是，兩人交往沒有多久，他們就決定一起攜手步入結婚的殿堂，時至今日，依然是保持著「執子之手，與子偕老」的濃情蜜意。

「他常對我說，出差時很想訴說愛意，希望把我變成一顆玻璃彈珠放在口袋裡面，這麼一來，想我的時候就可以拿出來看看。」黃素吟甜笑道。想到將彈珠隨身放在身上帶著走，都讓她備感溫馨。這就是「一**顆彈珠贏得美人歸」。至今，仍是他們最津津樂道甜蜜的時光。**

歷經多年相處，唯一令她感到揪心的是，有次他沒能踏好階梯，摔得非常嚴重的往事，當時他剛好擔任扶輪社的郊遊主委一職，負責籌畫去西班牙。臨行前，黃素吟想取消，他卻十分堅持，一直說今年職務在身，務必請她一定要代為出國服務大家。「那次，我真的非常難過。我跟他說，你已經受傷了，我怎麼捨得在這個時候自己一個人出國去。最後，他還是以非常堅定的語氣說，事情已經安排好了，你就安心出國。」說完，她忍不住深深嘆了口氣。

黃董聊天室

女人結婚可不比男人，是要冒著人生最大的風險去嫁給你，並且要適應一大家子的人。因此，男人一旦決定結婚，當然就有義務和責任要全心呵護、寵愛女人。對我來說，只要照顧好家裡的另一半，就等於天下太平，這可是比世界上任何的事情都還要重要。

對於另一半，記得一定要付出所有的包容、信任和感恩。所以，從一開始的薪水袋到後來的財產、土地、房子都是老婆的，我也不會過問家裡的任何事，更不會干涉她的任何決定。有她在，就是家、就有幸福。總之，老婆只要在外給我面子，所有的裡子通通都給她。

第 3 章

成做一蕊凍水牡丹，愈開愈婧

創業，從零開始建構夢想

雖然飽受病痛之苦，別人做八小時，黃賀明做十幾個小時，努力終於被老闆看見，在公司的薪水節節上升，前途看好。另方面，也如願娶得大家眼中的美嬌娘，成為眾人欣羨的對象。

人生至此，對許多人而言，或許就夠了。但是，對他來說，真的就滿足了嗎？就可以好好過上朝九晚五，平凡的中產階級生活……

跨入人生的另一個里程碑

不知道為什麼，感覺他遇到任何挫折，都不算什麼，而且，轉型過程中所遇到的諸多難關，他也都能一一突破，然後走在產業的前端。因此，這一路走來，只要他不覺得困難，我也會理所當然地不覺得那是困難，畢竟他是我的天。——黃素吟

古云三十而立，當黃賀明來到人生的另一個里程碑之際，也就是歷經結婚、生子後的二十八歲那一年，有個廠商突然主動探詢他創業的可能性。「錢你不用煩惱，我有批發的現貨，我的貨給你賣。」不僅如此，那一刻，竟然同時有四家廠商表達相同的意願。願意先提供商品讓他銷售，然後等他向客戶收錢後，再付款給廠商。

「真的，完全的零資金，向客戶收取的支票交給廠商，他們會給我十五％的利潤。」在創業成功的路上，很多時候不是僅憑個人之力，而是得到貴人相助。黃賀明說，或許就是之前他做了一些讓人感動的事，才會得到這些人的支持。

饒是如此，當時黃賀明其實已經在公司站穩了腳步，奠定了一定的基礎，實在沒有必要貿然走入創業維艱的人生。

於是，秉持著向來的理念：「我的字典裡，沒有解決不了的事」，

人生座右銘

凡事不怕苦、不怕難。比任何人還要努力拚命的黃賀明常說，從過去到現在，從沒有碰過什麼樣具體的挫折，會讓他萌生想要放棄的念頭。「年輕時，就是一步一腳印的慢慢做，而且我是一個意志始終很堅定的人，喜歡找方法而不是找理由。」

再度出發。原本，只是騎著摩托車開拓固定的中台灣市場，現在他將腳步大幅度擴展到全台。一個人常常騎著摩托車，載著皮箱，先從彰化開始，出發到台中以及嘉義，然後，繞一圈再從彰化的員林、永靖、溪州，騎到雲林的西螺、虎尾、土庫，最後甚至再到嘉義的朴子、民雄之後，再回到彰化。

想不到這段別人不想要去推廣的業務地區，竟然巧妙的促成了日後的企業成長之路。也就是黃賀明多年後，**擘畫的企業藍圖：「來自彰化、立足台中、精耕全台、連結國際」**。

一九八〇年，黃賀明在彰化民權市場成立了他的第一家店：「上品百貨行」。「早期，我專做批發。這是最容易『買空賣空』的行業，不需要太多資本，重點在於如何找商品，以及跟其他家的商品作好區隔化。然後，賺取中間差價就好。」黃賀明解釋。隨著經濟的發展，產業結構的改變，即使商機擴大了，仰賴別人生產的商品，利潤縮減外，倒帳的風險也不低。於是，他開始一步步調整腳步。

「創業之初，我要煮飯給員工吃，也需要幫忙理貨，當時只請一個工讀生幫忙而已。後來，慢慢的有業務又有會計，在彰化時最多請了四個員工。而我婆婆閒暇時也會幫忙車縫黑裙巾以及布袋丁等等。」黃素吟說，當年這些嫁妝必需品，因為是傳統禮俗上必備的物件，都賣得很好，品項也非常多。

「當時，我們會到傳統賣布的一條街，去那裡批貨回來自己車縫。」她進一步解釋道。

「當初一開始時，其實在賣嫁妝寢具的過程中，就已經有包含了床墊。」黃素吟回憶道。

「小時候一家六人，大家同睡在一張大通鋪上，雖然上面墊了很硬的被子，可是兄弟姊妹常在上面嬉戲，感情非常好……」一幕幕的往事在黃賀明心中留下深刻的印象，也成為他日後大展鴻圖的重要起點。更關鍵的是，誠所謂上帝幫你關了一扇窗，一定會幫你打開另一扇更美麗的門。「或許是身體上的缺陷，也可能是上天給我的使命，讓我這一輩子都專注在『睡眠』工程上。」他緩緩說道。

以嶄新方式，作主題式設計

作出市場區隔，
發展出獨有的經營模式，建立人與人之間的情感連結。

十九世紀以來，各式流行商品、新穎的綜合商場開始出現，尤其是二十世紀初期，美國的百貨公司開始致力於戲劇化地透過櫥窗展示商品，以吸引路人的目光。隨後的幾十年間，繽紛多樣，充滿情境主題式的櫥窗展示逐漸蓬勃發展，特別是用櫥窗與商品來說故事，並且伴隨著春夏秋冬、各式節慶的變化而作精心的設計。在吸引大眾注意的同時，也帶動商品買氣，擴展無限的商機。

「這股風潮也來到了台灣。在台灣經濟起飛的年代中，只要有進貨、肯努力，就不怕東西賣不出去。時至今日，更要積極出去開發客戶、作異業結盟，更要懂得行銷。」秉持著這樣的理念，黃賀明一步步將足跡跨到海外，放大了視野，改變了商業的經營模式，更進一步創新他的事業版圖。

「早期出國時，爸爸都會到處去看展覽，那時黃皮膚、黑頭髮的東方面孔，在歐美有些地區還是非常少見。」黃世豪說，遇到展覽的規模盛大，必須排隊入場，有時候明明已經排到他們，門口負責把關的人員硬是跳過他們，讓後面的白種人先行進場。有時候，有的人甚至會以輕蔑的眼光看他們，說些挑釁的語言。

說到這，黃世豪淡淡笑道，「爸爸都說沒關係，反正最後都能進去，不差這一時半刻。至於對方要用甚麼樣的眼光看人，就隨他們吧！總之最後我們都能得到收穫就好。」

「當時，真的去了很多國家，包括英國、德國、韓國、印度、新加坡、日本等各國，看展的時候，跟在爸爸身邊，就覺得他身體這樣子比一般人都還要辛苦很多，畢竟行動比較慢。不過，他就是一切慢慢來，重要的是看到了多少、收穫了多少。」尤其是黃賀明面對外國人所展現的自信，他很敢講話也勇於上前去作交流。

黃世豪嘆道，「這樣的勇氣，並不是每個人都有的。跟著爸爸去跟

廠商談業務，和國外的公司往來，學到的愈來愈多，也愈來愈佩服他。」

「新人只看眼前卒，高手推算五步後。」這是黃賀明常掛在口頭上的一句話。因此，早期當台灣還將床墊寢具等都歸類在嫁妝百貨裡，並視為一般的「雜貨」在門店販賣；很多客戶購買之際，都是店家從倉庫裡翻出來，很可能還要邊拍掉累積在上面、厚厚的一層灰塵。

黃賀明的店，卻呈現出迥然不同的模樣。擦得整齊透亮的玻璃櫥窗，以情境式的概念，將床墊、寢具作公開展示。「正確來說，應該是當時台灣的生活水平還不到那裡，所以才叫作嫁妝百貨業。」黃賀明輕嘆口氣說道。

「我們到國外時，他都會特別到百貨公司逛，所以在這個領域中，他尤其具有美感與眼光。」黃素吟對於當年能引領潮流，成為台灣第一家展示床墊寢具的公司行號感到非常的驕傲。她笑道，「事實上，當年我們到國外去參觀時，常發現有些昂貴的品牌，他們的展示看似非常的簡約，但卻深具美感。」

做出別人無法做到的服務

「只要每天比別人多做一點點，日後必定會有豐碩的成果。」黃賀明說。其實一開始也沒想那麼多，只是努力思慮著要讓自己跟別人不一樣而已。因此，如何把一成不變的展示空間作出與眾不同的特色；把單純的買賣行為，塑造成休閒、逛街、娛樂的美好氛圍，留住客人的腳步，捉住他們的心，成為他日復一日思考的重點。

「希望來我店裡購買的客人，來一次就能成為回頭客。」黃賀明強調。隨著時代的進步，環境的改變，他也將自己的想法一步步地落實在創業過程中，從單純的街邊店、連鎖店，轉而呈現休閒、逛街、輕鬆的狀態，營造的氛圍，都讓上品的經營模式，呈現出與眾不同的創新。

「我們不會只是執著在做生意，而是會先拉近人與人之間的距離。**有信任才有交易！**」他正色說道。

民國七十幾年，當社會普遍重視的還是滿足於日常生活所需之際，上品已經開始嘗試情境化的經營模式，從人性化的角度去思考。「當時，就是覺得這是一種差異化的經營模式，讓客戶覺得被尊重、進而享受其中。」他淡淡笑道。

人生座右銘

經營者的成敗關鍵，是注意到別人都注意不到的地方，誠所謂「魔鬼都藏在細節裡」。

另一方面，為了進一步開拓市場，黃賀明更發展出一套獨一無二的經營模式。他大聲笑道，「其實跟客戶之間累積的交情，都是一點一滴慢慢累積來的！」

事實上，從他進社會，開始負責銷售的菜鳥階段那一刻起，他就是以結交朋友，或是當成家人的心態去面對。譬如，早期看到批發商寄貨出去，他就會幫忙檢查包裝，確定沒有任何的髒汙或毀損。而去店家拜訪之際，不論老闆有沒有空或是正在忙，只要有客人，他都會二話不說上前幫忙介紹，並且努力作到成交，有空還會協助整理貨架上的商品。

有的人或許會笑他傻，黃賀明卻堅信，「做出別人無法做的服務」的重要性。「這樣一來，除了老闆會覺得你很好、很有親切感外，其實幫忙整理完之後，也大概會知道這家店還缺什麼樣的商品，下一次來可以提供什麼樣的建議、服務或商品。或者，將自己負責銷售的商品，擺放到最明顯的地方。」他強調，很多細節都是年輕時慢慢養成，直到後來成為習慣，成為企業的重要經營理念。

「有些業務，上班時間不是那麼認真，也沒有去調查店家需要什麼，就直接將貨寄出。一旦被退貨時就容易產生客怨，這麼一來，不僅損失了一個客戶，也浪費了運費，十分可惜。」黃賀明說，正因為他在市場上曾觀察到這樣的狀況，所以對於每一項寄出的貨物、包裹，他都十分注意。

「如果能將心比心，以同理心去對待客戶，這麼一來，不僅可幫忙對方做到了生意，即使在協助處理出貨之際，我們在貨物裡夾雜了一些自家的新貨，他們也不會反對。」說到這，他忍不住輕嘆口氣說，其實這麼久以來，也不曾有人教過他這些事，這都是純粹經驗談。「有時候覺得做生意，其實，就是天生的一種直覺。」黃賀明說道。

商場四十多年的歷鍊，曾被人譽為「點子王」，靈活的策略、創新的點子彷彿都是與生俱來，殊不知，他也曾經歷了不少挫折與艱辛。

「成功不是偶然。成功有成功的條件，失敗有失敗的可悲之處，無論成功與失敗都是自己造成的。事實上，無論做任何事情都要全心投入，只有持之以恆才有可能成功，切忌半途而廢。吃著碗裡看著碗外，做人沒有一個中心的信仰，這些都是很難成功的。而且，要不為外力所動才行，這樣通常也會看不到人家後面的努力，只看到別人成功的一面。」黃賀明強調。

以獨到的眼光，擘劃未來企業藍圖的利基，發展上品旗艦店，堅持自我的理念。

創業之初，黃賀明坦承，年輕時的他全心只在每天能多賺一些錢、多貼補一些家用。「金錢就是一個動力！我相信，只要認真努力，有天一定會成功。」他說。因此，一天拜訪多少客戶，端看自己的體力能負荷多少。運氣好，就可以多跑兩家。

單純的信念，讓他一路走來，從業務到經銷商，將批來的商品賣給街邊店販售，再到彰化民權市場成立第一家屬於自己的店。創業的十年間，從「上品百貨行」到「上品寢具名店」，業務的拓展，以等比的級數迅速進展著；尤其是目前位於台中精誠路的「上品旗艦店」，更是黃賀明的一大突破。

三十幾年前，精誠路上近百坪的土地，盡是一片荒煙蔓草。附近僅有寥寥幾棟透天厝，與今日車水馬龍的繁華盛況相比，誰也沒能料到這其中巨大的變化。當時，在旗艦店旁有位做土地買賣的商家，無意中從她口中得知地主因為繳稅金的關係急著出售，黃賀明沒有任何的猶豫，即果斷地作出決定。「我到現在都還記得，決定的那一天，我們從彰化上來，都已經晚上十點多了，非常晚。談完，黃董馬上決定買下這塊地，隔天還依原來的行程安排到墾丁去玩。」回憶起往事，黃素吟洋溢著滿臉的幸福。

「其實，二十歲那年是我覺得最困難的一年。認識他，然後很快地結婚、懷孕、生子，變化很大，所有的事情好像都發生在同一個時間，身份轉變得非常快。」當時，黃素吟身為家中的老么，原本是眾人呵護的對象，卻在轉瞬間，成為別人家的媳婦，並且很快又為人妻、為人母。「因為我們同姓又差六歲，所以爸爸、媽媽一開始是反對的。」

黃素吟說，因為黃賀明很疼她，所以自己很放心，從來也沒有產生所謂的不安全感，總是對他很信任。只是，年紀輕輕馬上就要以多重身份，進入人生新階段，還是讓她忐忑不安。雖然如此，婚後所發生的一切，真的讓黃素吟至今想來，盡是滿滿的幸福。

婚後，他將所有錢財都交給她管，並且，從來不曾過問、干涉用途。最叫她感動的是，生孩子時他始終堅持守在身邊，即使她痛得撕心裂肺，依然可以清楚聽見他在耳邊聲聲的加油，而且，這一持續就是十二個鐘頭。生完，轉頭一看，黃賀明竟是滿臉的淚痕。「我從來都沒有看過他哭……」往事雖然如風，卻點點滴滴都烙印在黃素吟心中，不曾遺忘。

「一般人出差回到家，都會很累，也不想動。但是，他就是堅持假日時一定要帶我們出去玩。他覺得平常自己南北跑，雖然是為了工作，但畢竟都在外面，而我們卻都一直待在家裡、待在自己的象牙塔裡。所以假日，他認為要帶我們出去增廣見聞，即使中午累了睡在樹下，他也覺得值得。」單獨出去時，遇到好玩好吃的，黃賀明更會急著和她分享。「他都會跟我說，如果妳能一起去的話就好了。」甜蜜的事情，一件多過一件，款款深情。不過，流傳在他們朋友圈中的一句話，才是最叫旁人既羨慕又忌妒的。**「阻止老婆購物，就是另類的家暴。」**每每聽到旁人問起，黃素吟總笑得雙眼都瞇了起來。

正因為黃賀明對她的好，所以創業之初需要資金，黃素吟父母都會傾力相助，而且一定是有借有還，他始終堅持，身上一旦有多餘的資金，馬上就會歸還。人不能忘本，對黃賀明來說，更是他時刻謹記在心中的名言。

「創業上軌道後，我們會每月固定給我爸媽零用錢，直到爸爸走了，媽媽九十九歲，每個月還是包紅包給她，祝她健康。而媽媽也都會跟我說很多、很多的好話。」說到這，黃素吟忍不住低頭微笑說，「其實，我也都會跟媽媽說，這些都是因為你的女婿很厲害，會賺很多錢。」

「年輕人容易想得比較近，也沒想那麼多。所以我經常跟**年輕人**說，**脾氣**、**情緒**、**個性要收斂**。如果把脾氣帶到職場上就會喪失人脈，如果把情緒帶到家庭就會影響家庭的幸福，把個性帶到朋友身上就會影響感情。」他強調，這都是一環扣著一環，彼此間都有密切關係的，所以從個人、家庭到事業，都要力求做到最好。「就是要付出更多的努力，才能面面俱到！」他說。

從小到大，從一張「床」衍生而出的情感，濃厚的家庭關係，對黃賀明而言，也是成就他目前所有一切的重要基礎。

因此，更重要的是，在創業十年也是婚後的十年，他們買下了這塊地蓋了大樓。以全新的概念和設計，經典呈現上品的企業理念，落實黃賀明的想法。「其實嚴格說來，婚後我們並沒有蜜月旅行。那時候的行程，是他帶我到山上和家人一起採橄欖賣給水果批發商，而我記得，因為當時懷孕，只覺得橄欖很好吃。婆婆在一旁，則是笑著說，你懷孕了不要亂吃，以免影響小朋友喔。」說到這，她禁不住滿臉的笑意。

從結婚以來，他們不僅走過許多地方，更一口氣買下精誠路，蓋出一棟屬於他們自己的家、辦公室、公司。「我們創業十年蓋的這一棟房子，也是我們結婚十週年的紀念禮物。」黃素吟笑意吟吟。

三十幾年前，一坪地五萬多，總價約三百多萬，今日則早已超過數十倍以上，尤其巍峨高大、新穎的設計，不僅是舒適的家，更是令人賓至如歸的購物空間。「廠、辦、住、店合一，包括兩樓的辦公室、兩樓的住家，還配有電梯。」黃賀明說。

「他的觀念蠻新的，三十幾年前就用非常新穎的概念、架構去蓋這棟房子。他跟我說，我們可以是一家老公司，但不能是一家舊公司，要做到三年小調整，五年一小修，十年大翻新。而且，我覺得他對消費者很好，裝潢雖然很高檔，但在價格上，不管是哪一家店都賣一樣的價錢。」黃素吟笑說，早期曾有客人誤會，認為精誠路的旗艦店裝潢較高檔，就一定賣得很貴，也不敢走進來。進來後才發現，不僅沒有比較貴，反而提供更舒適的空間，因此回頭客很多。

而對黃賀明而言，他強調，「我希望客戶除了購物以外，更能在我們這裡獲得心靈上的滿足、精神上豐富的收穫；不僅僅以賺錢或考量成本為目的，更是把在我們這裡體會到的精神和感受傳播出去，進而發揚光大。」他說，**企業的經營，在不同的階段就要有不同的理念，一步步走來，他始終認為最重要的不只是買賣，而是企業的社會責任。**

「隨著對台灣土地、文化、歷史的認識，我認為，過去很多存在於舊時代生活的感動和感觸，現在都慢慢消失了，人與人之間的感情也越來越淡薄。」因著從小成長的環境，黃賀明對於台灣這塊土地，始終有種莫名濃烈的情感。一如他所敬佩的歌仔戲國寶廖瓊枝曾吟唱「四盆牡丹排四位，無風無雨花袂開，等待三更凍露水，凍落花心花著開。」即使面對再深的傷痕、再艱困的環境，曾遭遇不幸的人，有天也會**「早日行過烏影，成做一蕊凍水牡丹，愈開愈婧。」**（台語）

黃賀明說，「她對於台灣這塊土地的熱愛，是和我們有著共同的理念。這也是我們相同成長背景下，存在於小時候記憶裡的點點滴滴，之後養成的一種思維，同時，也是台灣文化的一環。然而，這些傳統文化似乎正在慢慢消失，我希望，未來能藉由企業理念的推展，藉此保留台灣傳統文化的一面。」

回顧過去，黃賀明因為疾病，身體所帶來的障礙，一次又一次對他的生活造成考驗。然而，他從沒有放在心上。旅行全世界時，遇到飛機不能停停機坪不採用空橋，而是透過接駁車接送時，地面與車子的高度，雙腳無力就上不去。沒有家人陪伴時，他會客氣地詢問身材較為壯碩的人幫忙。而在以前，出差使用帆布袋時，或者是騎機車去店家，約十公斤的重量，也都是要仰賴旁人相助。

總是一步一步，努力走上來，走到至今，黃賀明體悟到的是，**「嘴若開，生意就一大堆，腳若走，生意就歸山盤。」**做生意的真諦，沒有任何負面的想法，而是人只要願意走出去介紹商品，就能得到更多的發展機會，開拓更龐大的商機，就像「凍水牡丹，愈開愈媠」。

因此，當他毅然買下精誠路的土地時，最初的起心動念，是為了事業，同時更是為了家人。「媽媽的行動也不是很方便，所以在三十幾年前時，我就提早規劃了電梯，還有在整棟建築裡都設計了無障礙設施。當然，這期間也是有考慮到自己的身體狀況，沒有想到最後獲益的還是自己。生活中所發生的種種，其實，都讓我對人生有更多的體悟，而經營企業就像在實現自己生活上的體驗一樣。」

經營事業與人生，其實，就是在解決生活上的需要與難題。不管是對黃賀明或是任何人而言，人生的經歷與心路歷程，其實在一開始，都不知道會以什麼樣的形式出現，或是過程中可能會遇到什麼樣的狀況。預先作綢繆，或是超前部署都是最佳的應對方式。

「因為當時媽媽行動不便，所以才有了電梯。但，也沒想過那時是一個很好的決定，只覺得有一天一定會用得到。」這樣的想法，讓他從單純的創業只是「謀生」，到後來走上「睡眠人生」的道路，最終才能發展出睡眠工程。他語氣堅定地說，「對生活多一分關心，研發出的商品，就能進一步改善，而更貼近生活。同時，就能更具有實用性。」

凡事有利就有弊，有得就有失。在生活上，可能遭遇到更多，就會產生更多的感觸，而慢慢地，這些就像烙在心中做事的原則。

「很多人都說我看起來很樂觀。事實上，日子總是要過的，快樂是一天，痛苦也是一天，端看自己怎麼作出選擇。可能每個人都是帶著使命來的，就看自己如何去發現，只是要找出自己的長處就好。就像力克．胡哲（Nick Vujicic）雖然患有先天性四肢切斷症，或許沒有完整的四肢和頭部，可是他依然積極樂觀，演講、寫書、表演，周遊世界，從來不自我設限。」說到這兒，黃賀明長長吁了口氣後，笑意慢慢從他嘴角蔓延。

從上品落腳在精誠路的那一刻起，帶給外界的不只是設計新穎的建築大樓，而是成為「以人為本的幸福產業」，睡眠文化的領航者，兩者兼具才能奠定企業幸福文化的根基。從此，上品正式跨入另一個階段的發展。

黃董聊天室

我很喜歡嘗試各種不同的新奇事物，或許，也是因為我行動不是很方便的緣故，一如我常掛在口頭上的話：「上帝關了一扇門，一定會幫你開一扇更漂亮的窗。」所以，我腦海中常常會有不同的想法。很多事情都是二十幾年前就想到，一直到今天，才一件件實現。

早期的台灣，大家還不流行出國看展時，我就很喜歡到國外。只要有機會就到處去，從歐洲到東南亞，參加各種寢具、被品、連鎖加盟商展，或是睡眠健康、講座等等。只要有機會和時間，我都會儘可能去參加。當年去歐洲，東方面孔還不多，有時候遇到他們不怎麼搭理人，其實我也不在乎，反正我是去看展，找資訊、吸收新知的。

有時候遇到要去的地方可能類似進香團的模式，那也沒關係，就跟著去，最多就是要手拿香跟著拜拜而已。一到目的地，就可以脫隊，自己去看展，很方便的。省去了大量往來舟車勞頓，自己辦手續的時間。

第 4 章

一枝草一點露，天無絕人之路

奮進，企業的轉型與升級

終於，黃賀明憑藉著過人的毅力以及獨到的眼光，在寢具業打下了屬於自己的一片天，成功贏得經銷商、客戶對他的信任。很快地，他迅速累積了資產，但是，同時也衍生了企業成長過程中，必須面對的挫折與困難。

就此原地踏步，只求穩定，採取保守策略？還是要大膽前進，化被動為主動？當企業要邁向下一個階段，朝向永續發展，更遠大的目標發展，要做哪些事？

成功有一百個父母，失敗就是孤兒？這句話對嗎？

回想起二十八歲那一年，四家廠商願意先提供商品給他，讓他先販售後付款，至今，黃賀明依然以充滿感恩的語氣說道，人的一生中總會遇到三種人，貴人、恩人和家人，而他們就是當年的貴人。「非常謝謝他們！」也就是那一刻，就此改變了他的命運，讓他一步步走上了與過去截然不同的道路。

好幾年下來，願意供貨給黃賀明的廠商愈來愈多，隨著客戶的增加，他的生意也愈來愈好。然而，在此同時，也開始慢慢出現問題，諸如經銷商開出的票期，從原本的三個月變成四個月，半年、一年，甚至最後跳票，無法兌現。「帳款收不回來，經銷的店家倒閉，或是退貨的情形一再發生。」說到這，黃賀明的笑容中有些無奈。

他說，生意做大了，難免就會遇到有些無法控制的狀況，這時候，就要想辦法去面對。調整經營策略、消化庫存、擴大銷售，一步步去解決。他強調，**人生就是「一枝草、一點露」的寫照，天無絕人之路，頭洗了不剃也不行，做就對了！**後來，他也曾在創業過程中，嘗試過投資茶葉、塑膠、未上市股票，這些領域都很困難也都遭遇失敗。更前衛的是，出資六百萬與朋友研發「水瓦斯」，當時只有一個念頭、單純的一個理念，要把水（H_2O）轉換成氫氣動能，做為潛艇船舶的燃料，當時已經測試成功，可以將自來水轉換成瓦斯煮菜，可惜掌握其中關鍵技術的人中風之後，不久又往生，最後就功虧一簣，血本無歸，但是沒關係，他也得到了人生中最寶貴的經驗。

「民國七十幾年，當時不懂事，失敗的經驗特別刻骨銘心，但還好當時的老本都還在，沒賠進去，總想著還有員工要養，不能再冒險。人生中，失敗的經驗有時候比成功更重要、更可貴，能給人警醒和警惕。」黃賀明再次強調。

悠悠歲月裡，長達四十多年的時光中，黃賀明交過的朋友不少。即使後來，在這過程中依然不斷有朋友一再鼓吹他，可以轉投資各項事業，特別是當股市上萬點，大家都熱衷於各項金錢遊戲，他還是堅持把本業做好，不再有其他的懸念。**「堅持與忍耐，是成功者必備的二大支柱！」他再三強調，成功有一百個父母，但失敗就是孤兒。**

二〇一〇年ECFA（兩岸經濟合作架構協議，Economic Cooperation Framework Agreement）的簽訂，頓時之間，「貿易，是台灣的生命，沒貿易，沒未來。選擇開放，還是封閉？」的議題，連帶地也牽動台灣產業界的神經，尤其是當時中國的寢具以相當低的價格大量輸入台灣。

回憶起往事，黃賀明稍微調整了一下坐姿，喝口茶繼續說道，「那段時間，坦白說，台灣資訊還不是那麼透明，我們也不是那麼懂，但，過程中所發生的一切，記憶真的太過深刻了。」他說，當時只知簽訂之後，可能會對台灣發生嚴重的衝擊和影響，而且時間至少長達二十到三十年左右。因此，為了控制成本，便向對岸訂了整貨櫃冬天的厚被子，沒想到，送來打開一看裡面竟都是薄被的成份。「這，明顯就是偷工減料，這是我很不能接受的。日後，如果真的要和他們合作，也一定要盯著他們裝箱裝貨櫃才能放心。」

黃賀明強調，做生意講究的是誠信。雙方如果要合作，卻連最基本的要訣都做不到，就連開始的第一步都甭談了。「中國貨雖然便宜，但，品質真的差很多。但在消費者眼裡，就是商品長相差不多，這對我們台灣本土賣寢具的生意自然就會造成嚴重的衝擊。」他眉頭皺緊說道。

「最後，台灣寢具聯盟設定界限來保障台灣本土的寢具業，因此他們現在只能來台灣再做加工。」說到這，他忍不住輕嘆口氣說，「自從簽了ECFA以後，台灣的資金、技術和人才，包括管理知識不斷的流失，很多人都覺得大陸那邊比較好，開始去那邊設廠。以長時間來看，這對台灣來說，其實不是一件好事，因此開始會有傾銷稅以及反傾銷稅。」

對於黃賀明而言，身為商人，打拼了一輩子，創造了事業，也累積了一點資產的同時，除了留給下一代，餘生再多陪陪老人家、小孩、家人外，還要為這個社會多做一點事情。「為消費者把關！當初為了撐過

ECFA帶來的衝擊，我甚至賣掉了房地產來渡過難關，賣掉了台中敦化路的兩層樓房地產。」這是他最重要的堅持。

撤出百貨商場

對許多企業品牌來說，進駐百貨商場可說是發展過程中一個重要的里程碑。但，他卻反其道而行，在兩年之內先後撤出十八家百貨商場，他到底為什麼要這麼做？這麼做的原因又是為什麼？

進駐百貨商場，首先是不用費心招攬客群，即可透過商場原先的客戶群吸引一波波的人潮聚集，進而帶動買氣。另方面，也可以在無形中打響其知命度。然而，百貨商場也正因此看中品牌企業的心態，總是透過拉高「抽成」與「租金」以增加收入，攤平他們高昂的人事及各項硬體設備的支出。

「想要進去百貨公司設櫃，一進去簽約，抽成至少就是二五％起跳，除此之外，還要加上包括水電以及活動贊助，林林總總這些加起來成本會佔至少四〇％左右。原本想說，在百貨公司可以拓展知名度，後來才發現，想要藉此拓展知名度談何容易。」黃賀明分析道。

但，最終讓他下定決心退出百貨商場的原因，在於百貨業每年總是透過周年慶與母親節作低價促銷的方式。「百貨商場平常看起來都很高檔，但在這兩場促銷戰中，他們都會找一個次級一點的商品，靠打折的方式促銷，因此在這兩檔業績戰中，業績都會呈好幾倍的成長。」在他的心目中，寢具是他奮鬥了一輩子的志業，而在百貨公司裡不僅成為價格廝殺戰裡，宛如菜市場中秤斤論兩般便宜的貨物，一般還是放在九到十樓以上之類，較不受重視的高樓層。

「對百貨公司來說，寢具在整個食衣住行產業中，算是國民生產毛額比重偏低，所以放在高樓層，而化妝品則較高，就放在第一層。」他正色道。「以前我們曾在百貨公司裡開到十八家，後來，在兩年之內我們全部撤出。」

從此以後，上品調整方針，開始慢慢發展自有品牌，走向研發的同時，企業的經營理念也愈來愈完整，從創業維艱到企業的永續經營，黃賀明在這四十多年的發展過程中，一步步建構著屬於上品的睡眠工程，從台灣邁向全球。

黃董聊天室

四十幾年來，我一步一步的努力著，始終堅信勤能補拙，而且從不貪心，總秉持著「有多少能力，做多少事」的原則。即使遇到挫折與失敗，沒關係，必定能從中獲取成功的經驗、獲勝的契機，誠可謂「天道酬勤」。

猶記得年輕時不懂事，有時遇到外面業務來推廣投資，雖然陌生，也不熟悉，就想說試試看，不全然是為了賺錢，而是想藉此多增加些經驗。還好，當時考慮到身為老闆，身負著公司員工所有人的家計生活，不能太冒險，始終保留著本錢。事後再回想，人生中失敗的經驗，有時比成功更重要、更可貴，能給人警醒與警惕，尤其對於中小企業而言，更是不容易。

堅持與忍耐，是成功必備的條件之外，及時立下停損點也很重要，也是經營企業的避險之道。畢竟，四十多年的經營過程不可能事事一帆風順。

黃董聊天室

我在經營、領導一家公司的過程中，始終把握著幾個原則，也就是凡事一定要做到公開、透明，並且要儘量合乎公平。當然，有時要做到公平，或許不太可能，但至少在企業經營方面可以儘量做到透明，並把企業經營的盈虧賺錢分成五等份：

第一份為股東權益 20%，這一部份為獨資的權益。

第二份為展店的基金 20%。

第三份為裝修改裝費用 20%。這一部份必須跟隨時代潮流，隨時作調整，這一點相當重要。

第四份為意外準備金 20%，也就是災害準備金。當老闆的要隨時預備各種風險，如隔壁失火，這種幾百萬的意外險是需要的。這點非常重要，這也是我當老闆的經驗，因為從零開始創業，以前就有過相關經驗，一定要注意。

第五份為員工的分紅 20%。現在這已經制度化了，每個員工都知道今年度的年終獎金大概是多少，也讓他們知道每一分努力都會在收入中展現出來，這就是經營企業過程中，儘量合乎公開、透明與公平的原則。

這個觀念叫做「共享經濟」，每個員工都能透過自己所做的努力，未來能夠共同享有成果。內心一開始就很清楚，勞資相處就會愈來愈和諧。也因為自律可得到更自由的工作，更多的共享觀也讓勞資、客戶、會員更加的信任公司。彼此的共識也愈來愈強，企業的經營會一年比一年更好，所謂「水漲船高」就是這個道理。

黃董聊天室

我很喜歡看展覽，曾到過德國、法蘭克福、科隆、印度、新加坡、菲律賓、馬來西亞、泰國、義大利米蘭、美國阿拉斯加等等，在台灣有機會時也會到處去看。曾有次到台北微風門市的一家店，記得，當時已經晚上八、九點了，是家國內很有名的寢具業者，看他們可能在舉辦教育訓練之類的活動。那時真覺得當這個老闆太辛苦了，還有員工也是，那麼晚的時間大家還在忙著受訓學習。

多年來，我在上品一直致力於推動以人為本的幸福產業文化，希望讓員工在這裡感受到家的溫暖，大家共榮、共生、共養、共好、共享，我們才能一起走得更久更遠，奠定永續長存的企業。

第 5 章

新人只看眼前卒，高手推算五步後

圓夢，邁向永續之路

所謂「新人只看眼前卒，高手決勝五步後」，為了日後的各種「可能」，從黃賀明到上品到底要先做哪些準備？才能為人生的下半場畫下完美的驚嘆號，如何為企業的永續寫下燦爛的一頁。

「上品這數十年來的發展，唯一的堅持，就是一定要做到『消費者睡眠健康的守護者與消費者荷包的守護者』這件事。這是對消費者的一個承諾，因此，每開發一項產品都要與睡眠健康有關。」

時間回溯到過去。當黃賀明聽到醫生說「活不過三十二歲」時，他就下定決心「絕對要活得比過去還要精彩」，從那一刻開始，生命對他而言，就有了全然不同的嶄新發展，特別是在他投入睡眠工程之後。

「因為身體行動不方便，反而讓我有更多的時間去思考、同理消費者的想法，思索著該如何解決消費者的問題。例如，有的消費者反應有落枕的問題，我便去研究為何會落枕，應該如何改善？」

將心比心之外，更因為黃賀明對睡眠的需求有著「異於常人」的體會，思考模式因此就顯得更為全面與多方位。光是枕頭，在先期開發的過程中，就考慮了許多細節。當務之急就是先解決許多人都會面臨的落枕問題，再來就是考慮到脊椎雖是S型，但一般仰睡時所需要的枕頭，高度卻需要降低一些。換句話說，人睡覺時是會改變姿勢，側睡便需要比較高的枕頭。

經過反覆的測試、實驗，黃賀明強調，上品都是透過一次又一次的案例、證據，實驗數據都是公開、透明，這才能得出真正實測的結果。「我們開發的枕頭，不管仰睡或側睡，都能夠讓肩膀頸椎得到完全的支撐充份的助眠放鬆。開發的眾多商品，都是以守護消費者的睡眠健康為原則。」

除了形狀、高度，在材質方面，尤其是台灣紡織業機能性產品的高度發展，更引起了黃賀明的注意。「當初我們在製作這些產品的時候，其實國內還沒有太看重這些功能，台灣是這兩年才開始著重在這一部份。」上品在黃賀明的領導下，很早就留意到了台灣機能性紡織（Functional Textile or Performance Textile），在抗菌、除臭、調溫方面等的卓越表現，並竭盡全力和相關材料商合作，積極開發商品，包括後來深受市場矚目，消費者歡迎的膠原蛋白寢具、石墨烯寢具、親水枕等。「市場上很多新品的研發應用，都是我們率先開發的！」他說話的語氣裡充滿了驕傲。

不僅如此，在這些夏天的寢具中還利用奈米技術，融入礦石涼感粉。他進一步說明道，「因為《黃帝內經》及《本草綱目》裡面有相關說明，人在睡覺期間頭要保持涼爽，腳尾要保持暖和，冬天的時候就要保持溫暖。因此，我們特別設計規劃這樣的產品，希望能提供消費者更好的睡眠品質。」

好，還要更好。

但是市場上賣得好的商品，沒多久，一定會引起眾多業者群起效尤紛紛採取同樣的作法。譬如在市場上引起旋風的石墨烯被，最早就是上品率先開發出的商品之一。

在一次固定與《中廣》直播商品的年賣活動裡，上品與知名主持人吳淡如合作的節目中，透過她的訪談，介紹上品最新開發出的石墨烯被。

沒想到，節目播出後，竟在一個星期之內，熱賣一千多件的石墨烯被，非常受到消費者的歡迎。霎時之間，原本是應用在半導體晶片上的絕佳材料，由六角形蜂窩狀碳原子所組成的石墨烯（graphene），因導電性與導熱性極佳、密度極高的特性，製作成石墨烯被，受到大眾的矚目。頓時，還風靡整個市場，從寢具到服飾，很多消費產品到處都可看得到石墨烯的蹤跡。

「其實這種材料很早就有了，早在二十世紀初科學家即已接觸到石墨烯，二〇一〇年的諾貝爾物理學獎得主，就是因為石墨烯的相關研究獲獎。」黃賀明進一步解釋道，現在市場上熱賣的石墨烯很多都請來知名藝人代言，但，對上品而言，幾十年來的一步一腳印只想確實聚焦好品質，為消費者做好「睡眠健康的守護者」的角色。

「市場上賣的石墨烯被，很多都僅有五%或一〇%，比率很低，這點需要特別注意。如果是這樣，可說是一點功用都沒有，應該不能說是石墨烯被。一定要達到五〇%，這樣才能既兼顧舒適貼身，還能兼具功能性，導電快還能蓄熱恆溫，並和人體互相震盪產生能量，也不會像電熱毯一樣乾熱。並且，還能促進血液循環。」他強調，上品應用在寢具的石墨烯質量，一定要確保最佳的品質，價格也要比別人便宜。

「睡眠文化的領航者」從一開始即成為黃賀明惕勵自己一路往前，也是上品始終的經營目標。

「光是為了研發親水、冷凝這一個材料，我們從六、七年前就已經開始嘗試準備，並作一連串的測試，包括製作模具。這些研發過程都花費相當長的一段時間，並且材料、注模都是一體成形，絕對不是採用合成的方法，這就是我們所開發的獨特親水枕。除此之外，我們還對員工投入了大量的教育訓練課程，就是希望能藉此讓消費者知道，也因此能將節省下來的廣告經費，或者中間不必要的支出，直接回饋給消費者，用最優惠的價格、最真材實料的品質，讓消費者享受到最好的產品，並瞭解這其中的差異。」他一字一句認真地說道。

全國唯一經過醫學大學臨床實驗證實，改善睡眠品質、幫助睡眠！

除此之外，他更與中國醫藥大學產學合作，並聘請美國 Palmer 脊骨神經醫學博士林國偉以及高雄醫學大學藥學博士楊顓丞作顧問，針對睡眠障礙以及如何提升睡眠品質做進一步的研究。

漢麻，最早出現在世界醫藥典籍上，可追溯到《神農本草經》以及《本草綱目》上的記載，尤其是近幾年來被大量運用在醫療上，從中萃取出的漢麻二酚（Cannabidiol, CBD），不僅能夠由內至外紓緩身心健康及壓力，更可緩解文明社會常見的各種健康問題，包括平緩情緒、減輕焦慮、緩解抑鬱、抗氧化、消炎鎮痛、修護皮膚及改善睡眠等。

根據健保署二〇二二年統計，台灣人平均每年吃下超過九億顆安眠藥。姑且不論服用安眠藥過量，造成成癮等風險，失眠的痛苦，所產生的後遺症，對健康的危害更是嚴重。「我想，沒有人會比我更瞭解睡眠的重要性。」黃賀明語重心長地說道。

為有效解決現在困擾許多人的睡眠問題，上品在研發過程中，專業的顧問團隊在藉由全新助眠新科技所打造出的「草本忘憂海鷗枕」中，特殊的海鷗式造型，不僅符合人體工學設計，能為頭頸肩提供最完美的支撐，正躺、側睡，皆能有效釋放肩頸壓力，讓頭、頸、肩達到最放鬆的狀態；以獨家比利時萃取的微膠囊技術，更進一步將天然植物中的助眠漢麻二酚成份提煉成微膠囊分子，利用奈米科技融入纖維應用在床墊、寢具、枕頭上。

「讓你在睡覺的過程中，肌膚在自然而然地與寢具接觸時，透過擠壓、摩擦，持續而緩慢地釋放出微量的漢麻二酚，進而達到舒緩情緒、放鬆、鎮定與減輕焦慮的效果，幫助大家輕鬆入眠。」黃賀明說道。

為什麼黃賀明能成為業界的領頭羊？事實上，這與他總比別人想得更遠、更早的特質有關。早在他創業之際，頻繁透過出國觀看展覽，獲取新知之際，他的人生就有了不一樣的視野。他常說，人有三種不同的層次，失敗的人、普通的人、成功的人。「『新人只看眼前卒，高手推算五步後』。失敗的人，就是成功的案例在眼前，他也不會相信。而普通的人，則是要等到案例產生，他才會相信跟隨著做。成功的人，則是因為相信且看到未來就決定去做，最後終於成功了。就像高手一樣，可以推算五步之後，與超前部署是同樣的道理。」

台灣早期寢具業的棉被，從棉花、羊毛發展到具有環保機能性的咖啡渣、竹炭纖維，以及現在的石墨烯，企業的研發設計，必須不斷地進化才能領先群倫。

「床墊的研發也有三個階段，從1.0、2.0到現在的3.0。1.0是連結式的，干擾性比較強，也就是在床上移動時，床內的彈簧會嘎嘎作響，這些都會干擾睡眠品質。而2.0就是一般所熟知的獨立筒，為單點受力，睡覺時每一個部位承受的重量不同，所以久了某些地方彈性疲乏會很明顯。3.0就是要專注解決前面的問題，所以，我們就從不同成份的金屬比例方面去著手，要兼具舒適與支撐力。床墊可概略為最底層的彈簧，中間則為

人生座右銘

睡得好人生是彩色，睡不好人生是黑白。

好眠，是百藥之王。睡覺時記得放鬆、放空，心中無一物，用腹式呼吸法，就會有效幫助入眠。

舒適層（墊層），最頂層則是表布。」黃賀明分析道。

例如：獨家專利力霸彈簧（Libar Spring）─德國GLORY葛洛麗床墊，是唯一業界單顆彈簧進實驗室測彈性疲乏，測出後趨近零疲乏，唯一取得國際無輻射鋼材檢測認證，唯一通過國際TAF彈簧認證，唯一業界商品拿到美國OAI有機認證／德國CERES有機認證／歐盟RAL生態標章，每一項產品像是黃賀明的作品，都代表了他多年來所投注的心血與付出在睡眠工程上的成果。

「我們在各方面都在持續求進步。」說到這裡，他忍不住深深嘆了口氣。回想起十多年前自創品牌之際，為了擴大市場、尋求客源，曾代理席夢思（Simmons）、英國斯林百蘭（Slumberland）等知名品牌，他笑了笑，「算是走遍全世界，才知道甚麼是最好的，甚麼是自己真正要做的！」此時的他目光炯炯。

德國GLORY葛洛麗名床是上品最受歡迎的床墊，早在二〇〇九年在五星級飯店發表的第一張含有專利，會根據人體調整溫度的智慧型「Tempwiser智慧科技恆溫」床墊。原本，上品是在台灣的代理商，最後併購該品牌而成為自有品牌。

「說起這一切的過程，都是緣分。」黃賀明笑說，早期寢具業有淡旺季之分，夏天慘淡經營，冬天業績暴增，幾乎忙不過來，一年出國大概可以有兩、三個月之久，當時的生活模式和現在很不一樣，比較悠閒。旅遊時結交的許多朋友，後來都成了老主顧，葛洛麗就是當時有次在萊茵河船上時認識的。

「當時，我們坐在船上遇見一位外國人，聊著、聊著就發現也是寢具同業。後來他們說在法蘭克福正好有參展可以去看看，要不要一起過去，沒想到，看過之後，竟然發現他們就是葛洛麗（GLORY），後來我們就成為在台灣的代理商，然後是獨家代理權。後來，就成為我的自有品牌，這一切都是因緣際會。」

黃素吟說：「以我們這個傳統行業來說，要走到國外非常困難。雖然黃董有英文基礎沒錯，但，商用英文又不一樣，他卻一點都不擔心，常常很輕鬆地就帶著我出國看展和旅遊。去國外坐郵輪的時候，大家通常都比較害羞，尤其是船長的下午茶活動，台灣人都沒有一個人敢去，而他就是會拉著我去，船長也都會相當的禮遇我們。總之，他就是會一直往前衝，不像其他人一樣會害羞。有他在，我就會很安心、有安全感。在國外講英文的時候，其實我也聽不懂，我也無法跟得上，他卻都可以談笑風生，和大家打成一片。」

「從以前傳統的寢具床墊，竹碳纖維到現在的床墊，也發展到3.0了，甚至已進入到電動床的世界。」黃賀明分析道，台灣即將在二〇二五年進入超高齡化社會，也就是每五個人之中，有一位是超過六十五歲以上的長輩。

「電動床有四個彎曲的角度，可以協助人上下床，也可以預防頭部暈眩、跌倒。而且，角度還可以隨時作調整，可以幫助老年人在床上伸展筋骨。」

看好未來的趨勢和發展，在黃賀明的帶領下，上品已在電動床的研發上紮根多年。「人類的壽命只會不斷地延長，我相信，在提升健康品質的前提下，除了考慮睡眠外，還有預防長期在床上滑手機的人，導致對脊椎產生的不良影響，防止胃食道逆流、靜脈曲張，以及可能對孕婦造成的傷害。另外，包括睡前抬腿，以舒適的角度入睡，幫助睡眠等等細節，這些都是我們在研發電動床時所考慮的細節，這也是我們電動床廣受消費者喜愛的原因。」

第 6 章

吃果子拜樹頭，飲水思源不忘本

四十五年，專心做好一件事

「讀萬卷書不如行千里路，行千里路不如名師指路；名師指路不如跟對人、走對路」。黃賀明創辦上品迄今四十多年，到底擁有甚麼獨特的經營之道，才能在這麼多年當中，有別於其他產業，開闢了屬於它的藍海商機？

尤其二〇一九到二〇二三年，當全球各行各業都因為疫情，籠罩在一片愁雲慘淡之際，上品卻逆勢成長開了五家門市，分別在台中、台南、竹北、桃園、台北陸續展店。

疫情之下，是多數企業最辛苦經營的時期，但在黃賀明帶領之下，卻是三年業績連續成長，給全部員工連續三年加薪。

在黃賀明超過七十年的歲月裡，往事一幕幕，總在一個人獨處之際，不自覺掠過眼前。他淡淡笑說，經營事業時，從不知道甚麼是辛苦，只知道開疆闢土是英雄，爭權奪利是好漢；軍人死在戰場上，而商人就該「馳騁」在商場上，正所謂「春蠶到死絲方盡，蠟炬成灰淚始乾」。說到這裡，他眉眼間盡是笑意。

抬起眼，望向窗檯邊的綠葉，隔著窗，燦爛的陽光迤邐灑落。他緩緩拾起杯，喝口茶說，自從前些日子坐摔後，身體已大不如前，可是經過長時間的積極復健後，他有信心，絕對能再活出更不一樣的人生。一如曾開創了日本近三百年盛世的德川家康所說過的話，「人的一生就如同負荷著重擔走遠路般，急不得……」

「我也相信，人的一生從出生到死亡，從躺著生活、坐著生活、站著生活、走著生活，總共有這四個階段，而我的目標，就是要讓這每一個階段都要活得精彩、活得出色。」說完，陽光照映在他臉上，顯得燦燦奪目，光彩耀眼。

時間拉到二〇二二年八月二十四日這天，台中林皇宮酒店人潮聚集、熱鬧非凡。隆重舉辦的「好眠新科技論壇」會場上，脊骨神經醫學博士林國偉以及藥學博士楊顓丞的精闢分析，不僅引起社會大眾對於睡眠障礙以及睡眠品質等問題的重視，當時，更多人注意到主辦單位：上品寢具引領時代潮流，率先業界的種種作法，包括日本以及台灣智能調溫纖維、水潤膠原、德國 Seacell 海藻纖維、丹麥有機棉等材質的開發運用到寢具、床墊，擴展到腳踏墊、日常生活用品。

對於這一切創新的作法，黃賀明只是淡淡地笑說，「其實，這些，都是在臥房裡面會出現的商品，我只是把它延伸到更極致的應用而已。」

話說得簡單，但是，這正是黃賀明開創的藍海商機！

讓人不禁好奇：上品到底擁有甚麼獨特的經營之道，才能在這麼多年當中，有別於其他產業開闢了屬於它的藍海商機？尤其是在二〇一九到二〇二三年之間，當全球各行各業幾乎都因為疫情，紛紛籠罩在一片愁雲慘淡之際，上品卻逆勢成長開了五家門市，分別在台中、台南、竹北、桃園、台北陸續展店。疫情之下是多數企業最辛苦經營的時期，但在黃賀明帶領之下，卻是三年業績連續成長，給全部員工連續三年加薪。

回顧過去，當黃賀明還在經營所謂的「街邊店」時代之際，與現在的規模相較，雖不可同日而語，但是，對當時的他來說，其實日子也算優渥。「產品很有口碑，生活也很穩定。」他說。

照理而言，不需要再為三餐而奔走的日子，工作也上了軌道，一切只要按部就班就可以。但是，他沒有因此而自滿，更沒有畫地自限。相反地，卻激發出他更強烈的企圖心，表現得更加勤懇與努力，想要「出頭天」的念頭，時刻讓他不斷往前邁進，更不敢懈怠。

「早期在市場時，每次只要負責銷售一個品牌或產品，我就會花很長的時間去做研究。尤其是那些和知名卡通人物合作，聯名在寢具上發展成品牌的產品，我都會好好地仔細看。一開始，我會認為那些插畫是屬於小朋友或年輕人喜歡的，慢慢地，我發現喜歡的族群愈來愈多，從小朋友或年輕人小眾市場延伸到父母、長輩的大眾市場，這些經驗為我們日後推出的『繪見幾米寢具』奠定了很好的基礎，發展出更多元化的商品。」一步步的走，一步步的思考、規劃，如何才能創造出更大的收益，也能支持台灣的文創。

首先，要立定目標，然後是突破銷售量

隨著全球化的競爭愈趨激烈，主要以中小企業型態為主的台灣，在國際上的生存也愈加艱難，「即使我們都可以看到台積電佔了全球非常重要的位置，但是，綜觀過去，他們所付出的努力又是談何容易。不過，即使如此，我們身為中小企業，依然要盡力拼到那個臨界點。」說到這裡，黃賀明不禁下意識握緊了雙拳，雙眼發出炯炯有神的亮光。

「從過去到現在，台灣的中小企業一直會遇到一個難題。就像過去，我去國外看展覽採購商品，他們很多聽到是台灣來的就置之不理，或者

不讓你進去。因為他們知道你下的量會不夠，沒有辦法裝滿貨櫃出貨。貿易一般都是講求要裝滿整貨櫃的量，如果沒有以貨櫃為單位，最後都很容易變卦。」

不僅如此，雪上加霜的是，台灣以前的銷售模式，還有分經銷商、代理商、大盤、中盤、門市等等，都對規模不夠大的企業產生影響。後來，阿里巴巴、淘寶網電商平台的崛起，又對市場產生了重大的影響，如實體店面倒閉，台灣廠商直接從阿里巴巴、淘寶網上面批貨，帶進門市銷售。而資訊透明化以後，也使得中大盤的競爭力道變弱，相對地，從國外購買的貨也沒有辦法很好的銷售出去，諸如此類的影響，都危及到了中小企業的生存。

「當時，我們也是如此。在向國外採購商品時相當辛苦，常碰到很多閉門羹。我們是慢慢地從早期一路累積，從經銷商慢慢地一路往上爬，到現在的一條龍經營，到擁有十四家自己的門市。現在，我們終於可以靠自己去分擔貨櫃的量與責任。」從剛開始採購的量有限，到後來十四家門市，相當於匯集十幾家公司的力量，再加上開發的自有品牌。

「現在，我們可以一切都靠自己了！」說到這裡，他的臉龐盡是欣慰的微笑。

泰戈爾曾說過：「你今天受的苦、吃的虧、擔的責、扛的罪、忍的痛，到最後都會變成光，照亮你的路。」

——摘自泰戈爾詩集《lover's gift and crossing》

早期電視有三台，行銷所需要的花費，就只要在電視上下個廣告，或者是透過三大報做宣傳。然而，隨著媒體解嚴，百家爭鳴的盛況，平面、電子媒體紛紛出現，現今則是電視購物、電商、網際網路當道。「經營愈來愈困難的地方在於競爭者不僅多，而且花費在行銷上的管道琳瑯滿目，大家都在比誰花得多，有時即使只是一個飲料上市，都可能耗費幾千萬的廣告預算。中小企業沒有這樣子的能耐，只能想辦法創造出一些關鍵性的行銷技巧。」黃賀明說，**重點在於如何花最少的錢可以達到最大的效益**。他進一步分析道，「現在的網路非常方便，行銷看似很容易，但大者恆大，消費者往往只注意到大企業。」說到這，他忍不住輕嘆口氣。

百貨公司的電動床商品，動輒賣到上百萬，而同樣的材質，上品卻僅賣數十萬。「一個上百萬，我們卻只賣二十幾萬，價格落差雖然大，但他們還是有他們的顧客群，為什麼？」對許多人而言，以百貨公司為主的消費模式，仍被消費者及商家奉行不輟。

「當初我決定退出百貨通路時，很多人就勸我。」黃賀明露出堅定的神色說。然而，上品的堅持，就是要走一條自己的路，就是要經營企業未來的永續之路。「說也巧合，剛好全撤出百貨公司時，疫情開始延燒，也讓上品躲過這一場三年的災難，而逆勢成長，感恩上天。」

「我們雖然沒有大財團的雄厚資本，沒有辦法砸很多錢做廣告行銷，但是，憑藉著一條龍的服務，從產品的原料直接做掌控，自己從歐洲進貨，然後設計、研發，走自己的通路。所有從頭到尾，節省下的開銷，就是要通通回饋給消費者！」

譬如最近引起熱銷的石墨烯，沒有層層的剝削，從原料到銷售，產品直接進到直營店門市。因此，同樣的品質、成份，在上品相對有保障，自然也能提升其競爭力。「商場如戰場，我們要跟財團競爭，就要讓我們的口碑更好，可以口耳相傳，使我們的業績一直往上成長。」黃賀明再三強調，中小企業無法和財團比財力，仰賴的就是口碑。

創立自有品牌

黃賀明不否認國外知名廠商所帶來的品牌吸引力，「可能比較輕鬆，就能吸引消費者注意，讓他們掏錢購買，可是……」話說到此，他忍不住沈吟道，「首先，我考慮的是我們有技術，也有人才，可以找到產地，用同樣的原料、同樣的方法去做。另外，那些所謂的國外知名品牌，說到底是真的有名嗎？在台灣真的有很多人知道嗎？」

黃賀明正色道，「如果在台灣，好不容易幫對方打好知名度後，他卻說要收回品牌代理權，再者原廠品牌若不願投資研發增進品質，那還不如一開始就打自己的品牌。」這樣的信念，讓他在早年代理德國GLORY葛洛麗寢具之際，就萌生了創立自有品牌的想法。

想要創立自有品牌談何容易？豈是一個中小企業可以輕易做到的？這些都考驗著黃賀明。

面對這些，一個又一個的難題，黃賀明的臉色凝重，沈默了半晌，他說，自己不是一個會輕易打退堂鼓的人，當然，也不是一個貿然躁進的人。「這些都需要長久時間的忍耐、努力，過程是艱辛的。」

一開始在向國外採購產品時，進口的量太少，別人不願意賣，就算願意賣，有時候價錢也會偏高。談判代理過程，姑且不論獨家代理權費用較高的問題，通常都還會有其他貿易進口商和你代理同樣的商品，這麼一來，就產生了競爭關係。

「競爭力變弱。等資金投入後，再過個幾年，代理費就會調漲，等到有一天代理費用過高，那麼就只能主動放棄。如果銷售成績非常好，也會有其他代理商爭取這個品牌，授權的廠商常常也會利之所趨，最後變節將代理權交給他們。」黃賀明說，自己就曾碰過，辛苦籌畫幫別人代理品牌，沒想到，最後還是幫他人做嫁，對方把代理權給別人。一路走來的艱辛，最終讓他不得不感慨，深深覺得還是推廣自己的品牌最好。

如今走進上品，色彩鮮明充滿溫馨的「繪見幾米」系列，幾乎可說是店內最受歡迎的寢具品牌之一。「十幾年前，坦白說，當時大家對於幾米這個品牌並不瞭解。那時，負責介紹的人只說有一個台灣的插畫家很棒，作品改編的動畫《微笑的魚》榮獲二〇〇六年德國柏林影展兒童單元特別獎。」正所謂隔行如隔山，對黃賀明來說亦是如此。

當時，上品經銷的彼得兔及其他品牌銷售狀況都非常良好，只是一切正如黃賀明所說，代理國外品牌過程中，他始終尋思著創立自有品牌的可能性。「不過，其實心裡還是非常掙扎，因為插畫代理商不管是文具還是服飾，都會經營得很辛苦，而且難免會虧錢。」說到這裡，他苦笑低頭。

他說，如今幾米可說是台灣文創的第一名，但十幾年前一切都是未知數。「當然，那時候見面談合作時，我們真是相談甚歡，而且，當時我看了一下幾米的作品，他的筆觸獨特細膩且栩栩如生，真的很好很喜歡！」他語氣略帶激動地說，做事業，堅持和忍耐是成功的必要條件。

「更重要的是，當時，幾米說服我的點是，他們是台灣文創且改編的動畫在德國獲獎。他們表達出努力堅持的精神，以及想留在台灣的念頭。」他堅定地說，這世界錦上添花的人很多，雪中送炭的人很少，即使當時幾米的知名度不高，但彼此的堅持以及未來願景與理念一致，是得以順利合作十多年最大的根基。

「大家一起努力，為台灣文創，加油！」說到這，黃賀明臉上充滿了燦爛的微笑。

俗話說魔鬼藏在細節處。回顧黃賀明一路走來的經營之路，很多時候奠定成功的契機，往往都是在看似不起眼的細節，譬如早期他就

喜歡看展覽，而且看的還是機能性布料。當一般人只單純將棉被、枕頭套等當作是就寢時的「家具」之時，他已單獨列為目標性、主題性的事業。

「台灣中小企業大多是合資，我選擇了獨資，只能說有利有弊，很辛苦，但也相對自由。而且一開始我就立定好目標『來自彰化、立足台中、精耕全台、連結國際』，而且一心想著如果做不到，就讓第二代接棒繼續努力。總之，做一個企業，就是一定要有決心、有目標，就像打高爾夫一樣，有一顆球跑給你追。」

引領潮流，佔得先機

「台灣就麼小，只要口碑做好，以後一定就會有跟隨者。」一開口，黃賀明就信誓旦旦說道。從踏入這行四十多年來，結交的朋友不計其數，也曾遇過品質不佳的業者，但是他始終秉持生意就是生意，無關乎交情，只要伸手一摸，「就知道好不好，可不可以合作。」。他常掛在口頭上的一句話是，「外行的看熱鬧，內行的看門道。」

「做寢具業這行，看起來好像很容易，實際上，經營起來卻是非常不容易。」他語重心長地說道。傳統產業的競爭者眾多，因此，從創業以來他一直在思考如何才能脫穎而出。

「台灣機能性紡織品在全球出口量很大，是世界冠軍，非常厲害。」台灣紡織廠商所生產的機能性布料不僅吸引全球知名品牌爭相來台採購，各種機能性布料，像是發熱、涼感、抗菌、透氣、防臭等功能，更是遠近馳名。

「所以一開始時我就常常去參觀，後來在政府舉辦的材料展覽中，我們上品也會去參展，當時，會去展示製作成品的寢具業者也只有我們。」他說，藉此激發創意、保持前進的動力，那麼，即使同業想模仿，跟隨的腳步永遠也只會慢半拍。

「時代一直在進步，所以一定要努力保持在前面。品牌是一家企業的標章與肯定，而想要建立品牌，研發是根本，凡事要做到洞燭先機，隨時要有新的發想以及願意花錢去做新的嘗試。」

他進一步解釋道，「當初，在世貿材料展覽上，只有我們一家寢具床墊業者參展，因此材料商想要尋求合作對象當然就直接找上我們，算是我們近水樓台先得月。後來的加盟店展，我們也有去參展，像飯店備品展覽更是參與過很多次。當時很多同樣規模的企業，都會因為參展時需要付出的租金和裝潢打退堂鼓。」他笑說，或許會很心疼參展所花的錢，尤其早期很多時候都是不遠千里特地飛到國外。但是，慢慢地，你會發現「凡走過必留下痕跡」，後續引發的效果，其實都會慢慢回饋回來。

「那時候常跟著黃董到處去，他也不怕，一開始會發現國外的寢具展示非常漂亮。可是到後來，發現他這個人真的很厲害，也不知道他怎麼想的，運用得更加傑出。」黃素吟回憶起他們第一次開店時，黃賀明突破當時傳統以雜貨販賣的方式，卻以整齊透亮的玻璃櫥窗，情境式的陳列以嫁妝百貨的呈現，至今，仍忍不住驚呼道：「那時一開店，就引起許多人圍觀。」她雙眼發亮。

重視細節、重視客戶

「一個房間除了最重要的床之外，還有寢具及傢飾的搭配，以及整個顏色的規劃，給人的感覺。更重要的是，這個房間的用途是甚麼？孝親房？主臥室？都要先做好決定，還有床墊也是。」很多人聽黃賀明這一連串侃侃而談的話語，或許只是下意識的會心一笑，可是只要知道他這些想法都是自數十年前即開始一個個萌生的，莫不充滿了驚奇。

早在一般人都只追求物質溫飽之際，寢具對許多人來說，最多也只是冬暖夏涼的考慮，上品即已率先推出多種機能性的需求，防蟎抗菌只是基本，還有結合海藻纖維、深海膠原蛋白、漢麻二酚，而針對客戶需求，特別設立的「睡眠顧問師」，以及「空間規劃師」的體貼設計，更是上品的「超前部署」。

「如果家裡有老人，我們就會推薦電動床，這樣下床會比較方便。如果有經常性的胃食道逆流，電動床也會有幫助，總之，我們會根據客戶的需求去推薦不同的產品。如果客戶實在沒有時間見面，我們也會拿公司裡官網的資料，主動聯繫推薦適合他們家的產品及建議適合顏色。」

他進一步分析道，「客人是外行的，有些時候錢也不知道該怎麼花比較好，而我們能做的，就是善盡我們的專業。至於有的金字塔尖端族群，有錢想買好的東西，他們認為我們開價是貴、是便宜都無所謂。只是有時候我們跟他說，明明是同一種產品，同樣的生產商，可是偏偏對方就是不信，這是人性，不需要有任何其他多餘的情緒，**只要記得服務好就好。我們的競爭優勢，就是商品品質比別人好，價格卻比別人親民，**

而服務也很好，客訴也是同業當中最低，那就好了。」說到這，黃賀明忍不住說道，上品在Google評論的每一家店幾乎都是五顆星，特別是之前賣的一千多件石墨烯裡，客訴僅有兩件，而其中一個還是因為尺寸買錯了。

他舉例說道，過去很多到上品的客人，本來習慣其他品牌高貴的名床，但在我們專業的睡眠顧問師介紹下，一旦下單後就不會再去別家，反而成為上品的回頭客，並成為店內永久的會員。

「如果有消費者想要買好一點的品質，但是，價格不要那麼貴，他便會選擇我們的自有品牌。在店內，可能同一個牌子，國外的包含了保險、關稅還有內陸運輸成本等費用，而我們的自有品牌則是買德國機器，在台灣生產，用的是台灣人工，反而更有保障，品質也都很好。」當然不論進口或台灣製造的商品，都力求符合台灣的潮濕島國氣候，和我們台灣人的身型與習慣。

黃賀明強調，為了提供給客人更多元化的選擇，門市裡所陳列的商品也不可能通通都由上品自己生產、製造。「希望客人可以在店內一次購足，所以店內品項很多，也提供更多元的商品，如腳踏墊、毛浴巾，這些都和杜拜帆船飯店是相同的土耳其供貨商與製造商，因此，如果在這裡購買，就可用實惠的價格，享受與杜拜帆船飯店同等級的品質。但，價格卻相對實惠很多。」

根據統計，上品有超過六成的收入是來自會員重複購物，而員工與會員之間的親密互動正關係著公司每年的成長，那麼，身為企業的經營者該怎麼做？才能將這個以人為本的幸福企業帶往更好的發展方向。

同理心——公司、員工、客戶三贏

「從陌生到成為公司的VIP客戶」光聽就已經很艱難了，更何況要身體力行。黃賀明語氣堅定地說，員工對待客戶要有同理心，相同地，公司對待員工更要有同理心，才能讓他們懂得感同身受去服務客人。

因此，他常笑說，**「我希望員工天天上班時，是吹著口哨，懷著快樂、興奮的心情。」**因此，早期任用新人時他一定是自己親自面試，即使後來事業體擴大，工作繁忙，只要開發一個新的項目，他依然會親赴第一線，或是在招攬新人時，三個月試用期過後，再親自做一次面談。

「面試一個人時，首先要先看得順眼。每個人在剛開始進入一份工作時都會隱藏自己的個性，但是我都會告訴團隊，說要看他一開始說的，和最後做的有沒有一樣，個性久了其實藏不住，江山易改本性難移。年輕人會失敗都是抗壓力不足，需要旁人的肯定，或是在離職之前把公司風氣搞得一團亂，想得到同儕的肯定，當然，在這之間主管會不會帶人也很重要，企業難免有看走眼的時候。」

進入公司後，一定要讓員工瞭解企業的核心價值，清楚產品的定位，才能對消費者產生同理心，也才能協助他找到最適合的產品，更好的幫助他。「甚麼是企業的核心價值呢？我做睡眠事業四十幾年了，都只專注在這一份工作上，就叫做睡眠工程，也就是睡眠文化的領航者，這也是我們的企業文化。希望引領著這一份文化，也是我這個創辦者的一個責任，也代表我是一個榜樣，這是無形的。企業要有文化才能走得長遠，團隊才得以繼續傳承下去。」

黃賀明語氣慎重地說道，上品的文化就是：以人為本的幸福產業、溫馨浪漫的家就在上品、消費者睡眠健康和荷包的守護者。

希望員工不管是收入、學習以及成長，或是待人處事各方面都有所得。只有自身感覺幸福，才能把幸福傳遞給他人，尤其在面對客戶時才能有正面的回饋，而對於客戶而言，也才能容易接受。「**有信任才有交易！幸福感是一種氛圍，是從內而外相互影響的。**」他再次強調。

必須經歷三年以上才能將店內所有的商品詳細講解，透徹瞭解客製化的服務，這時，大家會稱呼他為睡眠顧問師。

在上品，有很多需要突破舊有思維的地方，譬如一般人在挑選床墊的時候，通常都會有品牌迷思，這時候該怎麼辦？身為專業的睡眠顧問師，要協助客戶打破品牌迷思，選擇隱性冠軍，幫忙引導選購最適合的床墊、寢具。另一方面，由於產品定位的關係，投入的研發資金及耗費的人力，一道道的環節，上品總是以最高規格去做規劃，因此和一般坊間的寢具相較，價位不一定是漂亮，但CP值肯定最高。

「所以，一定要讓客戶多瞭解，展示我們的優點，和別人有甚麼不一樣的地方，每一項產品去做深入的論述。」隨著全球化的競爭，通膨高漲，即使原物料飛漲，上品也總是秉持公開透明的原則，每年的獲利以及經營狀況都會讓員工知道。

人生座右銘

事情遇到了，總要想辦法把損失降到最低。事情不是做到最好，而是做到更好。人用對了，事情就對了，遇到問題，解決問題。

同時，每家門市，每一、兩個月也都會舉辦一場講座，有時則是類似下午茶的形式，會邀請各類專業講師，例如脊椎或睡眠專長，到場演講、上課。屆時，會員是免費參加，現場還提供各種茶水、甜點，讓客戶在學習各種知識的同時，也感受到上品真心的付出與關心。「我們所做的一切，許下的『心願』是真的發自內心去幫助、感受客戶真實的需求，而這樣的成功與快樂，才不會感到疲累。相對地，如何讓員工對公司有共識願意共事，心甘情願專心投入這一份工作，而不是為了一份薪水，需要長期的溝通與教育，而後對工作價值的認同，唯有『心願』才能保持工作的熱情，而『薪願』不過只是單純為了上班賺錢而已，很快地就會產生職業倦怠症。」說到這兒，他禁不住哈哈大笑。

從睡眠顧問師到空間規劃師，因為長時間在公司文化的薰陶下，業績比現在任何一位新人都還要來得高，而他們所肩負的責任是需要進一步協助到寢具居家用品與空間搭配，換言之，要從細節處觀察，其專業度和品質更要受到考驗，這時，當然也不能只稱為睡眠顧問師，而是進一步成為空間規劃師。

「事實上，我們是從一般的傳統產業寢具床墊開始擴展，腳踏墊用品到日常生活用品，很多其實都是在臥房裡面會出現的，我們只是把它延伸到更極致而已。」黃賀明解釋道。

而且，最讓他驕傲的是，上品的員工很多都是資深的規劃師，有的甚至已經服務了三十幾年。

「一年入門，三年百萬，六年翻轉，十年過著快意的人生」，從來沒有一家企業對自己的員工開出這樣優渥的「條件」。套句黃賀明的話

說，就是希望讓員工能在五十歲以後帶著小孩及老婆，快樂地去環遊世界，過自己想要的生活。猶如小說般的寫意人生，真的做得到嗎？還是身為主事者的隨口說說？

時間回到二〇〇三年SARS肆虐期間，那時，百業蕭條，但是上品的業績依然逆勢成長，為什麼？黃賀明分析道，百貨公司是一個密閉的空間，卻聚集了不少的人潮，有群聚感染的風險，而上品當時採用預約式的貼心服務，本來就是某種程度的人流控制。因此，從那時開始消費者第一次注意到原來寢具業者中，不僅只有在百貨公司裡可以找得到各方面都非常好的寢具，上品這種「一對一」提供專業服務的寢具業者，甚至提供了更好的購物環境，而且，專業度更好、價格又更優惠。較之於百貨公司而言，一點也不遜色。

「購買一次，我們就服務你們一世。」黃賀明說。從那時開始，成功將危機化為轉機，每一個走進門的客人，都徹底折服在上品「以人為本的幸福產業」之中，就此成為上品的老客戶。而隨著客戶的成長，服務的員工也跟著大幅度的增加。

「二〇二一年歷經了爆發新型冠狀病毒的大規模疫情，我們在『twenty-one, we are the top one』的目標下，業績是大幅度成長的。當時所有員工連續兩年還加薪三％，除了個別表現優秀的另外加薪外，我們不只加薪，還拿出二〇％的盈餘做為年終分紅，平均一個員工都有一個半月以上的年終分紅。」黃賀明強調，上品重視員工，只要進來公司，就像家人一般，鼓勵他創業，保證他十年後能賺年薪二百萬以上。

「這叫做共享經濟，共生、共養、共榮、共好、共享。事實上，員工進來上品後，我們都會有一套完整的教育訓練制度，絕對讓他會有信心去創業。一開始，他可以只負擔五％或一〇％的資金就好，都沒有關係，或是未來他有能力，他想負責全部的資金也可以。總之，一家店就是以七十坪為單位，開店成本大概就五、六百萬左右，彈性很大。」黃賀明進一步說明道，竹北店即是內部員工創業的典範，未來，可廣泛應用推行。

「其實，會有內部創業的概念，也是因為之前有加盟店失敗的經驗。」說到這，他語氣一頓，「之前，我曾經開放讓外面的人參與過加盟，但後來卻發現，在很多地方他們並沒有遵照總店的意思去做執行。一開始，真的也不是很清楚，可能也太相信人性，只是單純作口頭上的約定，達成了很粗糙的合約內容。」黃賀明略帶無奈笑道，真是不經一事、不長一智。

除此之外，遇到銷售狀況不好的時候，或是淡季之際，其他的代理商也會企圖影響加盟店，或是私自拿商品給對方銷售，諸如此類的狀況，都會損及到總店的整體經營。「打著上品的名義，卻進劣質的產品，嚴重影響到我們的信譽。」他神情凝重說著。

黃賀明表示，這些都是發生在一、二十年前的往事。當年加盟的店家享受了上品所帶來的福利，卻沒有盡到該有的義務，而且，常常信誓旦旦的話還言猶在耳就馬上反悔，讓他非常失望，對人性感到沮喪；但是，再回頭想想，也或許是外面的誘惑太大，才導致他們如此。

「或許，未來還是有可能會開放加盟。但是，不是現在，目前主要還是讓員工做內部創業。外部加盟的部份，還是要仔細研擬、搜集資料，參考其他加盟體系，才知道合約該如何擬定會比較穩妥。」

黃董聊天室

創業從零到有，集團是經過多次的轉型與優化：

創業初期資金較為缺乏，只能從中盤商開始做起，賺取中間少許的差價。

第一次的轉型，縮短通路兼營門市，提升毛利與現金流；

第二次的轉型，發展連鎖通路，提升採購的質量和通路的品牌知名度；

第三次的轉型，併購代理的外商品牌成為自有品牌，讓市場的經營更為靈活、寬廣；

第四次轉型，發展飯店、民宿、月子中心的業務；

第五次轉型，取之社會用之於社會，參與公益活動，幫助弱勢團體並強化經營社會企業的價值。

黃董聊天室

回憶起過去，我什麼時候第一次體會到「以人為本的幸福產業」，是很重要的一件事？

記得，大概是二十年前左右吧！上品開始做整個電腦數據上的分析，結果很驚訝地發現，當出現人事異動時，業績馬上就會呈現明顯滑落。而且，差異性非常大，數字也非常明顯，因此，人事的穩定，真的是企業發展的根本，人對了，業績差也不會差到哪裡。

相反地，如果人事沒有異動，業績就會一年更勝一年，並且愈來愈好逐步攀上高峰。我從二十年前注意到這個現象後，就不斷優化制度，開始著手改革公司文化，希望能做到讓員工每天吹著口哨、愉快來上班。

上品的產品收入有很多都是老客戶回購，然後他們會再去主動幫我們介紹他們的親朋好友。當然，在這過程中，我們都會對顧客作資料建檔，客戶的預算多少，上次購買了甚麼，甚麼很好用，都會去調資料，所以就更能理解客戶的想法。總之，我們營業額的收入大約有六成以上都是來自老客戶，約四成左右則是新客戶。

但是，不管如何，我們非常重視每一位上門的客戶，像門市的點心是特別做過市調的咖啡、茶與巧克力（**高達 72% 的巧克力**），都是市場上大部份的消費者所喜歡的，絕對讓每一位上門的客人，都能感受到上品滿滿的心意。

黃董聊天室

現在我們的「繪見幾米」系列產品，常常是一推出就銷售一空，為什麼？尤其是運用在寢具業上，更是史無前例。

之前我們也曾經銷過「彼得兔」、「史努比」等其他品牌，後來就專心代理、經營與行銷幾米，專注在台灣本土文化上。品牌是金錢堆疊出來的，四十幾年來，公司的廣告行銷費用幾千萬跑不掉，但至少「上品」這品牌是自己的，如今能成為業界的隱形冠軍，或許在知名度上沒有很高，但全靠老客戶口耳相傳，建立在口碑上。老客戶的回購、感謝老客戶的介紹，都讓我們在這幾年中度過所有的危機和轉機。

事實上，像是幾米這樣的插畫代言推廣，一定要有品牌的概念。我熱愛台灣的文化，也熱愛這塊土地，因此願意合作推廣台灣的文化創意作品。說到台灣社會對插畫的接受度，一開始，插畫都是小朋友跟年輕人所喜愛的範疇，屬於小眾族群，因此，開始涉獵時，我也一直在思考如何吸引更大眾的族群。因此，在推廣「繪見幾米」系列產品時就對業務訂下了三個原則：

一、床邊故事：希望父母在睡前會跟孩子說故事，讓孩子去感受。我們會配合當期每一本幾米出的書去做寢具插圖設計，然後再配合枕頭套跟被套講床邊故事，這麼一來，孩子就會有深刻的感受。

黃董聊天室

二、互動性：親子之間無論是父母或是阿公、阿嬤，在疼愛孩子方面都會願意花時間講故事，因為童話書可以增進親子之間的感情，因此要特別著重在互動性上。

三、療癒性：年輕人會有共鳴。這是心靈放鬆的時刻，擁有心靈療癒的效果，特別是在睡覺的時刻。

和幾米合作的十幾年裡，我們都可以看得到大家的努力，一點一滴都呈現出來了，尤其現在的知名度及銷售都很好，這些都是成果的證明。當時，很多人都說我傻，放棄銷售得很好的彼得兔，但我要說的是，台灣的月亮絕對不比國外差。我熱愛台灣、熱愛本土、熱愛這塊土地，因為我吃台灣米，在台灣長大，做人要知道「吃果子，拜樹頭」（台語），飲水思源不可忘本。

黃董聊天室

回首一路走來的艱辛，至今我只想說：希望年輕人在還沒學會賺錢本事之前，不要輕易走上創業之路！但是可以借力使力，跟著總部走，我願意在有生之年訓練、提拔，更多的年輕人走上創業成功之路。

對我來說，過去創業時的一切，都是在學習。還好，那時並沒有太多的想法，只知道一路往前衝。跌倒了，就是爬起來，然後繼續往前。直到後來，想要建立企業文化，想要給員工一個榜樣，這或許也是求一種肯定吧！

總之，所謂的企業文化，對今日的我而言，走到最後，就是經營事業不是以賺錢為目的，也不是以降低成本為目的，而是要對消費者的睡眠健康有幫助，對員工有助益，並達到永續。甚麼是永續呢？那就是幫助員工創業，幫助更多的年輕人走上成功之路。

第 7 章

花若盛開，蝴蝶自來；人若精彩，天自安排

接班與傳承，邁向未來

成功接班！上品正式邁入下一個永續階段。

當企業邁入永續發展的階段時，傳承已成刻不容緩的重要課題，交由第二代接班？或是專業經理人？在在都考驗著創業者的智慧，更是企業永續生存的重要命脈。

「過去，台灣曾是典型的代工王國，很多時候都要受制於歐美的先進產業。但是，自從我們有了自己的品牌之後，團隊出國是和他們的設計師共同設計、研發、討論、下訂單，現在反過來變成我們的產品給他們代工，然後，再直接進入到我們的門市。這中間沒有經過總代理，也沒有經銷商。」說到後來，黃賀明語帶微笑。

回想起過去，黃賀明常隻身一人遠赴海外採購，因為產品量不夠而屢受刁難，更多的還有歷經的艱辛與磨難，他心中更是不勝感慨。一九九六年代理席夢思名床、二〇〇三年代理英國斯林百蘭名床，過去的種種，都讓黃賀明不勝唏噓，他淡淡笑說，「台灣寢具業者大多傾向於經銷代理，我們也曾走過這一段路……」說到這裡，語氣一頓，低頭，再開口，他雙眼發亮。

「代理過程中發現，對方名氣若是不夠，要費心幫他們打廣告，好不容易花了錢，大費周章打開知名度了，最後可能還要面臨被迫提高代理費，要不然就是被撤換了代理權還不知道。如果是知名品牌，也不用高興，那代理費用就是高得驚人，而且還可能是一次比一次還要高，並且是各方競逐，不只有你一家。」更重要的是，原廠品質我們無法控制等等。

一次次的經歷、一次次的磨難，黃賀明說，既然選擇了創業，這都是必經的路程，沒甚麼。他話說得輕鬆，為了企業的永續經營之道，他笑說，「**人就是要努力。在困苦的環境下，才能淬煉出一個好的人才。『番薯毋驚落土爛，只求枝葉代代湠。』更重要的就是，等年紀大了，才有講不完的故事。**」

從來不怕苦，只怕艱難、困苦、危難來臨時，沒有做好萬全的準備，因此，對黃賀明而言，每走一步，他都在思考著該怎麼做才會做到更好。「沒有最好，只有更好！」正是這個道理。

而且，他向來奉行「新人只看眼前卒，高手推算五步後」的原則，眼光還要放得更高、更遠。他進一步舉例說道，網路銷售都是針對比較年輕的族群，相對於實體店鋪，其價格定位也會相對較為便宜。而上品的商品定位在中高價格到金字塔客戶，累積了四十幾年的公司知名度較高，對於網路的競爭影響也比較小，效益不大。

但是，事實上根據數字分析顯示，在上品的實際銷售過程中卻發現，網路廣告效果卻是大於實際銷售，為什麼？

他仔細分析道，「一來，網路有七天試用期。床墊是需要試躺、試睡的，每個人的喜好不同，萬一客戶不滿意，運費來回就是幾千塊。而剛好我們全台各地都有實體店面，經營也不同，非常受到消費者的喜愛，很多人都喜歡透過事前的預約前往作睡眠體驗，最後就在店中直接下訂購買商品。」這麼一來，從虛擬到實體之間的發展，對上品而言，不管是哪一種，只要把握將服務做得好的重要關鍵，未來的前景只會愈來愈好。

黃賀明進一步解釋道，「未來的企業發展只會趨向於大者恆大，街

人生座右銘

現在這個時代，沒有實力、沒有十八般武藝是很難成功的，尤其還需要有空間讓人去發揮。網路時代的來臨，不再像早年一樣可以守株待兔，一定要勇於邁出腳步，積極拓展機會才行。做人、做事都是長期的累積，如何讓消費者全心信賴我們，這也是一門很深的學問。

邊店則是愈來愈少，因為沒有品牌力，也就沒有能見度。財團辦一次講座，基本上就是兩、三百人，傳播力很強。但是，我們有自己獨特的方式。企業的經營就是以永續發展為目的，作為一位父親，現在我的孩子願意接棒，我很開心。有些企業的接班人跟父親的感情不好，不想接，或是能力不好接不起來，我們上品沒有這樣的問題，這是目前最讓我寬慰的事了。」

成功接班！上品正式邁入下一個永續階段。

當企業邁入永續發展的階段時，傳承已成刻不容緩的重要課題，交由第二代接班？或是專業經理人？在在都考驗著創業者的智慧，更是企業永續生存的重要命脈。

時間回到過去。執行長黃世豪說，他清楚記得十幾歲時，在國人還

不流行出國的年代中，當時，歐洲很多地方還看不到亞洲人之際，尤其一些總是擠滿白種人的大型展覽，身形相對嬌小的父子檔夾在其中不免顯得突兀。很多時候，明明他們就已經排到門口，卻硬生生被擠到後面，父親還是平心靜氣地說，「沒關係，慢慢來，反正我們一定會進去的。」這時，他真的覺得父親就是好脾氣。

事隔數十年後，黃賀明聽到這些往事，坐在椅子上的他，不禁下意識笑了笑。喝口茶，面對著冬日裡暖暖的陽光，然後，舒服地緩緩伸了一下懶腰。最近這些日子，每個禮拜，復健師、按摩師、照護師，天天長達六、七個鐘頭以上的運動復健時間，雖然辛苦，但他的身體健康有了肉眼可見的明顯進步，臉色紅潤、說話也充滿了精神。

隨即又大笑，半晌，再喝口茶才說，「大家都知道企業二代要接班很難，真的很難，總之就是不容易。有不願意，也有接不起來的，因素很多。但是，我們很幸運，算是成功完成接班了。」他強調，身教重於言教，孩子小時候就常帶他去看展覽。

「印度的紡織業很發達，譬如腳踏墊等創意設計都很棒，與歐洲設計的腳踏墊風格都不一樣，巴基斯坦的紡織業也是。我們做末端通路的，只要看到好的商品，是可以給消費者帶來生活上的便利的，就一定要注意。**其實，父母所做的一切看似和接班無關，但是，實際上就是在為接班而準備，就看做長輩的有沒有想到而已。**」

「不過，我堅持，孩子還是必須從基層開始做起。必須要公平，才能讓主管單位好做事。一個企業的成長，必須要從整個組織架構的管理規章開始做起，唯有尊重組織、頭銜和職位，依循著制度，才能得到最好的發展。」黃賀明強調，尤其在上品，年紀和資歷是要被尊重的。

「我也是從商品開發部助理開始做起，一步一步從基層工作往上爬。還記得那個時候，公司的規模還沒有很大，全台灣不過五間，是到後來才慢慢拓展開來。」黃世豪強調，當時，讓自己一切放空，勤跑基層，

人生座右銘

年輕人喜歡創業、喜歡當家作主，但是過程中必須好好評估自己擁有的資金多寡，還有學習的熱情，以及培養的人脈。有人脈自然就有錢脈，所以人脈非常重要。而且，人脈在另一方面也相當於客群。記得，先不要求人脈會給你帶來多少的好處，或者，是不是你的貴人這件事，而是做好自己就是不銷而銷了。

一般會失敗的都是因為只有「半桶水」，人要記得「腰要彎得越低、越謙卑」，才有成功的可能性。年輕人通常不知道甚麼叫做「人外有人天外有天」。很多事不一定要學我，但做法上絕對值得被參考。尤其當我看了很多年輕人，工作換了一個又一個，雖然看似懂得很多，但是，都不會是某一個行業的頂尖者，這樣的競爭優勢是不會長久的。斜槓人生如果成功了，或許有僥倖也有運氣，但運氣不會長久，一個企業是要長久經營才會成功。

拜訪工廠或原料廠，從頭學習是「新人菜鳥階段」之際，他對自己最重要的要求。

「最早是在彰化，那時候年紀還很小，到真正有印象，大約是在十歲那年搬到台中……」回憶起往事，當年的菜鳥現在則是執行長的黃世豪，臉上帶著淺淺的笑意。他說，從小就是給阿嬤帶大的，知道家裡很忙，也瞭解父母的工作，不一定要在家裡幫忙，但是會自動地去外面「打工賺錢」。

「**我始終相信身教大於言教，在這樣的基礎下，我給小孩相當大的自由度，認為他們在耳濡目染之下就會知道該怎麼做**。當然，在另一方面也是因為忙，沒有時間好好陪伴。兩個小孩都是阿嬤帶的，所以小朋友也會看到阿嬤勤勞的一面。而老婆也是很辛苦，她要勞心勞力管理員工做帳之類的工作，還有我出門，也是仰賴老婆照顧安全，這方面都是她比較辛苦。」黃賀明說道。

因此，當很多的企業家第二代，常被外界喻為擁有含著金湯匙出身的優渥環境，總是不免耽於眼前的安逸；黃世豪卻在小小年紀之際，頭腦就異常靈活，並懂得隨時把握機會，開闢財源。

「或許是因緣際會吧！當時有位老奶奶說他不想養蠶寶寶了，因此送我一百多隻的黑色小蠶寶寶，當我培育了第一批之後，就有一千多隻。剛好三年級課程要用，結果，算是第一次學做生意。第一次賣，一天最少都可賺一百多塊。」他笑說，當時年紀小，也不知道這些所得能拿來做甚麼，就全部都交給阿嬤。然後，還是在固定的時間領取阿嬤給的零用錢。

「每天零用錢大概是五元。」說到這裡，黃世豪臉露靦腆。他強調，雖然從小家裡不會刻意告誡他可以買什麼或不可以買什麼，反而阿嬤總會在重要節日裡買些小東西，譬如車子、娃娃之類的小玩具給他們這些小孩，非常疼愛他們。「只知道當時身邊的同學，他們的零用錢好像都可以到三十或是四十元，而我們就是五塊錢。」說完，他忍不住大笑說，可是畢竟是孩子嘛！有時候當然還是會羨慕別人，但不過也就那麼一下下，還是會覺得自己家裡給的已經很夠了。

「或許也是因為這樣，才會從國小開始就一直在打工，就是儘量學會不跟家裡拿錢。」黃世豪說，從小到大，真正最有印象的是家裡每一天都很忙，而且，都有很多人進進出出，國中開始會去倉庫幫忙包貨、送貨，也曾遇過客人住十二樓，但是，並沒有電梯。「那時候就真的很吃力，四個人一起搬 king size 的床，從一樓搬到十二樓。」說完，他低頭直笑。

「還記得，當初家裡如果有辦類似促銷之類的活動時，我和阿嬤都會下去幫忙。小時候，家裡其實也有遇到困難的時候，但是，大人不會讓我們感到擔心，可能是阿嬤處理得很快，或者也是家裡不想讓阿嬤知道得太多，只希望我們能好好的讀書、好好的成長。另外，國小班親會也大多是阿嬤參加，記得有時候學校會稍微問一下，為什麼參加的人都是阿嬤。老實說，阿嬤是位很積極樂觀的老人家，為人很和善。」說到過往，黃世豪滿滿都是回憶。

記憶中的阿嬤，常帶著他去買菜。過程中，總是教導著他，說種菜的農夫是很辛苦的莊稼人，沒有必要為了幾塊錢和他們殺價。「很多觀念都是從小就灌輸給我們的，有能力一定要去多幫助人。」

這份祖孫之間的親密，傳遞的是來自於黃氏家族間，也就是黃賀明一直謹記在心——「家，就是他最好的避風港，永遠的後盾」。黃賀明常掛在口頭上的話，「老婆和媳婦就是家的中心。年輕時，協助做好企業的內稽、內控，並把大家的生活照顧好，同時讓男人在外面為全心事業打拼，開疆闢土。年紀大了，讓家成為避風港，一起共享健康，安享餘年。」

因此，時至今日，當很多企業集團面臨了第二代的接班傳承上的難題；尤其是兩代之間為了接班還鬧上新聞，公開在媒體上的敵對喊話。種種的一切，令人不勝唏噓，讓黃賀明很感慨的說道。

比起很多跨國企業，上品的規模或許還有很大的成長空間。但是，對內，一家人三代同堂全都住在一起，黃賀明常坐在椅上笑看一家人開心的嬉鬧，妻子和孫子笑鬧在一起，他也曾問孫子說，「有天，如果你們長大結婚了，怎麼辦？會不會想搬出去？還是會跟長輩住在一起呢？沒想到，他們想都沒想，直接就說怎麼會想要搬出去呢？」而在公事上，更是順利完成世代交替，成功接班。

「人生，到這個階段，好像也沒有甚麼好不滿足了，對不對？」說到這，他滿眼都是止不住的笑意。

「花若盛開，蝴蝶自來；人若精彩，天自安排」

俗話說，「九頓吃米糕，一頓吃冷粥」即使只有一頓的冷粥，都會抹煞了全部。人生路上，雖然不必事事求完美，但求盡心，盡力做好每一件事，尤其到了目前，黃賀明自覺的人生最後一哩路上。

「他的脾氣一直都很好，很少看他發脾氣。一般來講，遇到我們觀念不一樣的時候，他會希望我聽他的，那我就是儘量讓他。最近這幾年，我去福智文教基金會上課，回來跟他分享心得，就是希望儘量把觀念想法轉換一下，期盼我們能藉此讓生活過得更好、更有意義。」黃素吟緩緩說道。

「其實，一直以來，他都很鼓勵我去上課。他會覺得他在進步，我也要跟著進步，一起成長才好溝通。」說到這裡，她低頭微微一笑。

這是最近採訪過程中，另一半黃素吟談起他時說的話，而黃賀明對於這個「執子之手，與子偕老」生命中最重要的另一半，更是充滿了感激。他說，「我一直非常感謝太太的服侍奉獻，也始終認為過去她和媽媽，以及現在和媳婦，婆媳相處的融洽是家庭幸福的重心，女人撐起半邊天，有老婆的地方才有家。」說到這裡，他忍不住說起了一連串關於愛老婆的順口溜。

「再大的成功，也換不了失去家庭的幸福。」不過，他也坦承四十幾年來，為了打拼事業，在父母晚年的時候，陪伴的時間相對較少，兩個孩子也都是媽媽帶大的。

「坦白說，現在想想，真的是對父母有點遺憾，也對孩子有點虧欠。可是再回頭想想，如果年輕時沒有打拼事業，沒有做出現在的成績，以我現在的身體狀況來看，或許也無法兼顧現實的生活，有時候真的是兩難。」他忍不住長嘆口氣。

黃賀明說，他現在看到老婆在逗弄孫子，有時候不免感到又好氣又好笑，然而愉快又忘我的氣氛，自己又無法參與。「只能用眼睛、用心去感受，但是，心中還是滿滿的幸福感。」有時候想想，樹欲靜而風不止，子欲養而親不待，聯想到過去的一切，人生最後一哩路最大的享受，或許就是學會孤獨與樂活。

儘管如此，回首過去，除了事業、家庭，黃賀明從四十幾歲開始，他還在忙碌的工作之餘，積極參加諸如台中市西北扶輪社、寢具公會等社會服務性社團，更進一步，創立了**台中市名店協會**。他說，人生要成長，就是要不斷的學習以及拓展人脈，尤其是「人脈等於錢脈」。

根據史丹福大學研究中心的一份調查報告指出：一個人所賺的錢，一二．五％來自知識，八七．五％來自關係，換句話說，高達近九成的關鍵是人。

「人對了，事情就會對；人不對了，事情就不對。換個角度來說，人對了，事情再差也不會差到哪裡去；人用錯了，事情再好也好不到哪裡去。」黃賀明強調。

扶輪社除了提供最基本的友誼及聯誼的需求外，還有助於事業的發展，最重要的是社團裡傑出的人很多，資源豐沛。「一山還有一山高，而且，在和他們接觸的過程中，視野也會跟著放大了。」黃賀明說，剛加入社團時，自己的年紀輕，屬於學習階段，後來也擔任寢具公會理事長，一直到二〇〇三年更號召四十五家業者創立**「台中市名店協會」**。

「剛開始創業的時候，甚麼都不懂，全靠自己摸索，直到自己有能力，當然會想要回饋社會，運用自己累積多年的經驗，幫助更多的創業家。」黃賀明正色道，參加扶輪社、寢具公會是人生的一種榮耀，然後一步步學習、成長，直到他創立台中市名店協會，同時，一起邀請好友賴志雄擔任祕書長，他也是台中名店協會第三屆的會長。

在成長的過程中，總會參加一些學習型或公益型的組織社團，而最後必須成為領導人，才會瞭解組織的運作，對社會做出最大的貢獻。演而優則導，最後自己也創辦了台中市名店協會，二十年來，「創會會長」這個職稱，也成為會員們的精神領袖象徵。

「創辦之初，一切從零開始。先去一家一家拜訪，不同的行業，大家一起合作，資源共享。」他強調，與其他社團最大的不同處在於每年都舉辦聯合行銷活動，而且，這樣的活動絕對是實實在在地做行銷，能為會員創造更多的業績。

「我記得，舉辦的摸彩活動至今歷經了三任市長，從胡志強市長開始的抽金條、Toyota汽車等都很轟動。當時，胡市長打電話通知消費者，說恭喜他抽中金條或汽車時，還被虧說是詐騙集團。」說起這件事，他忍不住哈哈大笑。現在，台中市名店協會的知名度不僅愈來愈高，每年舉辦的台中市名店節活動更是家喻戶曉，創造的產值與周邊效益更是一度成為市政府的政績宣傳。

「這是好事吧！」說到這些事，黃賀明臉上滿是驕傲。

人生座右銘

人兩歲學會講話，但是很多人一輩子也學不會講「對」的話，這時候應該多傾聽，少講一些話。

「公義可使邦國高舉」

《聖經》裡有句話「公義可使邦國高舉」。一直以來在參與企業社會責任的過程中，捐錢，是最普遍的方式。「我想做的不只是這樣，公益活動跟別人是不一樣的，我認為就是要親自參與，因為那一種親身體驗的成就感是不一樣的。」說話的同時，黃賀明的眼裡閃著亮光。

「林豐隆老師是我很敬重的前輩，長久從事特殊教育有四、五十年之久，有空時我們也會相聚做交流，因為他的安排因緣際會認識日本東京特教學校的教務長，雙方對於殘障人士、弱勢團體有了更深入的瞭解。也讓這次林老師推薦的日本東京特教學校專程來拜訪我公司做交流，而且，還從原本規劃的半小時延長到兩個小時。」

對四肢健全、身體健康的人來說，很多事情或許只是生活中一件非常不起眼的小事。可是對他而言，尤其是在他歷經重摔之後，尋常人很難想像，很多日常生活中的行為舉止，沒有旁人的協助，根本是不可能的「任務」。「有時候僅僅只是一個動作，就要耗費很大的力氣。」他說。

過去，上品也曾邀請腦麻協會小朋友到公司內參觀，舉辦聽黃爺爺講故事的活動，黃賀明也會儘可能親自主持，並籌辦熱鬧而豐盛的下午茶會。全程除了生動活潑的演講介紹，心路歷程的分享外，還有睡眠顧問師的引領，逐層參觀體驗。

「我們常常在思考，除了這樣類似的活動外，還能為什麼樣的團體提供些什麼樣的幫助，也希望除了寓教於樂的型態外，還能有哪些學習的比賽。畢竟很多事情，也是要親自操作才會有意義。因此，我們也會舉辦一些鋪床跟塞枕頭的比賽，幼稚園的孩子通常都會玩得很快樂，頒獎的時候也會非常開心。」

黃賀明強調，企業的捐款，固然也是一種方式，可是對他而言，更希望的是，能親自下場實際操作。

「我不喜歡只捐錢，實際去做這些，才會更有意義。而這樣的方式，我是從扶輪社中學習而來的，他們更重視親身參與。記得我當台中西北扶輪社社長時，與菲律賓扶輪社和日本扶輪社共同出資，捐獻給菲律賓馬尼拉市政府兩台消防車與郊區國小一批電腦，當時那些學校裡面的小朋友都揮舞著台灣的國旗，那種熱絡的場景十分令人感動。至今我仍印象深刻。」

感動。

黃賀明強調，付出永遠會比得到更快樂，也會有收穫，更會對公司形象產生正面的影響。相對地，這也是種不銷而銷的概念。而且，如果只是單純地投入金錢，沒有實際的親身參與，就不會有實際上的體會和感動。

因此，在這幾十年來，「看天吃飯」的農友，常成為上品關注的對象。譬如香蕉產量過剩，價格大跌時，上品就成堆成堆的去購買，也曾義賣過高麗菜，然後將所得捐給台中市愛心家園。二〇二二年底寒冬時，將棉被送到慈光育幼院，二〇二三年則帶著由單親媽媽所創立的屏東慈惠善導書院弱勢孩童去吃麥當勞發壓歲錢，並陪他們一起過新年。

「我現在每天都要花至少六、七個鐘頭復健，坦白說，有時候只是一個很簡單的動作，但是，真的很辛苦。很多人都很佩服，說我這麼堅持。」說到這裡，黃賀明忍不住苦笑。他說，這麼辛苦復健是為了追求健康，希望餘年不要給晚輩帶來負擔。而畢生追求財富到現在，只為了能夠投入事業永續經營和多做公益，發壓歲錢幫助更多的弱勢族群。

取之於社會，用之於社會，人的一生拼死拼活，沒有了最後一口氣，就只剩下青煙一縷、黃土一抔。如今，能留給後人留戀的就只有眼前一手創辦的企業、你們所看到的這本書，還有生前的義舉。

黃董聊天室

企業接班成功與否，提前佈局是一重要關鍵。而其中，更需要有包容、信任、感恩的文化，並且在這過程中達成共識，否則便很容易功敗垂成。

而在接班過程中，很容易面臨幾種問題：

1. 二代不是本科出身，不僅沒經驗也沒興趣。
2. 創辦人身體還健康，不想放權。
3. 二代在企業的時間夠久，想要掌權，遂行自己的意志。
4. 創辦人年老體衰，二代不得不接班。

遇到以上這四種問題時，都需特別注意。

黃董聊天室

年輕的時候，醫生就說我罹患了肌肉萎縮症，而且活不過 32 歲。我沒有失意，反而愈加戰戰兢兢，把一天當兩天來用。

因為深受病痛之苦的親身經歷，我比平常人更瞭解睡眠對一個人的重要性。另外，我不是甚麼大企業，白手起家，也沒有大筆的資金用在行銷上。可是正因為自身病症卻投入研究睡眠工程的故事，受到許多媒體報導，多年來，從平面到電子媒體，如《台灣向前衝》的專訪、《蘋果日報》全開報導、《今週刊》雜誌報導、《壹電視》的人物專訪等等，都讓上品被消費者看見，也讓我們企業從零到有的過程，都被媒體發現，廣泛的報導。

人生走到現在，歷經各種考驗，一切宛如印度詩人泰戈爾所說的：每一次挫折，都是上天給你最好的淬煉；一切都是最好的安排。

結語

●

天道酬勤

人生中常會有很多的意外，但是，絕少人體會得到一個看似很小的跌跤，卻會對人造成極大的影響。對於肌肉萎縮患者來說，不僅是常常發生的事，對黃賀明而言，也早從意外成了日常、成了談笑風生……他是生命鬥士，有著一段你無法想像的心路歷程。

回想印象深刻的往事，心中充滿感謝：

一、隻身到上海浦東看國際紡織工業展，意外跌倒，幸好有路人經過，在其協助下沒有太大影響，後續繼續看展。

二、由商品開發部江佩倫陪同參加德國法蘭克福展覽（Frankfurt Heimtextil Exhibition），過程中在捷運上跌倒，受她多方面照顧及陪同，倍感溫馨，因緣際會生命中就有了一個乾女兒。

三、在台中西北扶輪社擔任郊遊主委期間，籌辦到西班牙旅遊，出發前幾天不小心從二樓樓梯摔下來，滿臉鮮血染紅胸前襯衫，受傷嚴重，並馬上送醫縫了五、六針，休養了近一個月，期間，由老婆代夫出征服務大家。

四、有次，坐高鐵到台北出差時，意外跌倒幸好有旁人協助，馬上站起來努力前往下個行程。

五、有次，下高鐵搭乘手扶梯時差點跌摔，幸好孩子在旁及時抓住，否則後果不堪設想。

六、有次，過馬路時意外跌倒撞到地面，當場血流不止。幸好，路旁剛好有間藥局，護理師老闆娘幫忙止血，馬上叫救護車送到醫院縫了十幾針。

更多的意外，實不勝枚舉，一生的坎坷數不勝數。現在年紀大了，行動更加不方便，一方面除了要對抗身體的老化外，另方面還要每天做復健，避免惡化，可以用「舉步維艱、寸步難行」八個字來形容。

回顧過去，展望未來

回顧過去，一步一腳印，四十幾年的企業經營，風風雨雨、起起落落，幸好過程中都有貴人相助，終究安全過關，只是過程中的艱難，又有多少人能夠體會？對於一個身體有障礙而又能夠成功創業，度過四十幾年身心煎熬的人來說，又有多少人能瞭解？所以，黃賀明相信他對生命的體驗，是比一般人有更多、更深入的悟道。

好不容易事業有成後的今天，黃賀明希望更抱持著感恩的態度來回饋社會，今後會投入更多的公益活動。用「厚德載物，天道酬勤」八個字最足以形容他的生命歷程，希望能夠帶給同仁和正要投入職場的年輕人，更多的鼓勵。

人生走到了最後一哩路，有很多的話不是這本五萬字的書可以表達完整的，至此，感恩一切！

黃賀明充滿感謝的說：「非常感謝廣大會員、廠商、親朋好友的支持，還有公司同仁的包容、信任與我一起打拼，更安慰的是兒子願意繼承事業，媳婦打理生活的一切讓三代同堂和樂融融，更感謝老婆的服侍奉獻，致上最高的敬意。」

大好文化 大好生活 11

不完美中的超完美：缺陷者是帶著使命來投胎的，歡迎來到好眠幸福世界

作　　者｜黃賀明
撰　　稿｜戚文芬、胡芳芳
出　　版｜大好文化企業社
榮譽發行人｜胡邦崐、林玉釵
發行人暨總編輯｜胡芳芳
總 經 理｜張榮偉
駐英代表｜張容、張瑋
主　　編｜柯瑋晴、葛梅莉
編　　輯｜呂綺環、張小春、林鴻讀
封面設計、美術主編｜陳文德
客戶服務｜張凱特
通訊地址｜111046臺北市士林區磺溪街88巷5號三樓
讀者服務信箱｜fonda168@gmail.com
郵政劃撥｜帳號：50371148　戶名：大好文化企業社
版面編排｜唯翔工作室 (02)2312-2451
法律顧問｜芃福法律事務所　魯惠良律師
印　　刷｜鴻霖印刷傳媒股份有限公司 0800-521-885
總 經 銷｜大和書報圖書股份有限公司 (02)8990-2588

ISBN 978-626-7312-03-2
出版日期｜2023年8月8日初版
定　　價｜新台幣468元

國家圖書館出版品預行編目資料

不完美中的超完美：缺陷者是帶著使命來投胎的，歡迎來到好眠幸福世界／黃賀明著. -- 初版. -- 臺北市：大好文化, 2023.08
208面；17×23公分. --（大好生活；11）
ISBN 978-626-7312-03-2（平裝）
1.CST：黃賀明 2.CST：企業家 3.CST：企業經營 4.CST：傳記
494　　112004984